Luft- und Gastafeln zur Berechnung von Gasturbinen und Verdichtern

Von

Dipl.-Ing. **J. Kruschik**
Rich. Klinger A. G., Wien-Gumpoldskirchen

Mit 21 Abbildungen im Text und auf 17 Tafeln

Springer-Verlag Wien GmbH
1953

Alle Rechte,
insbesondere das der Übersetzung in fremde Sprachen, vorbehalten

Ohne ausdrückliche Genehmigung des Verlages
ist es auch nicht gestattet, dieses Buch oder Teile daraus
auf photomechanischem Wege (Photokopie, Mikrokopie)
zu vervielfältigen

Copyright 1953 by Springer-Verlag Wien

Ursprünglich erschienen bei Springer-Verlag in Vienna 1953.

ISBN 978-3-662-23327-6　　ISBN 978-3-662-25370-0 (eBook)
DOI 10.1007/978-3-662-25370-0

Vorwort

Die Berechnung von Gasturbinen und Verdichtern und die Auswertung ihrer Prüfstanddaten erfordern die Kenntnis der genauen Werte einer Reihe grundlegender physikalischer Größen von Luft und der in Betracht kommenden Gase. Es sind dies zunächst Enthalpie und Temperatur der trockenen und wasserdampfhaltigen Luft sowie der Verbrennungsgase bei verschiedenem Luftüberschuß. Ferner werden c_p- und $\varkappa$-Werte für Luft und verschiedene Einzelgase sowie Gaskonstanten und Molekulargewichte gebraucht.

Die vorliegenden Tafeln bringen diese Größen in einer Reihe bequem benützbarer Diagramme und Nomogramme, die unter Verwendung der neuesten englischen und amerikanischen Quellen aufgestellt wurden und aus denen alle Werte mit hinreichender Genauigkeit entnommen werden können.

Wien, im April 1953

J. Kruschik

Oft gebrauchte Bezeichnungen

$J = 427$ kcal/mkg $= \dfrac{1}{A}$

$c_p =$ Spezifische Wärme kcal/kg °C

$C_p =$ Spezifische Wärme kcal/kmol °C

$f =$ Brennstoff/Luft-Verhältnis kg/kg

$x =$ Wasserdampf/Luft-Verhältnis kg/kg

$i =$ Enthalpie kcal/kg

$p =$ Druck kg/cm² absolut

$P =$ Druck kg/m² absolut

$\Pi =$ Druckverhältnis

$pr =$ Relative Druckfunktion

$T =$ Absolute Temperatur °K

$t =$ Temperatur °C

$s =$ Entropie kcal/kg °C

$v =$ Spezifisches Volumen m³/kg

$\gamma =$ Spezifisches Gewicht kg/m³

$G =$ Durchsatzgewicht kg/sek

$M =$ Molekulargewicht kg/kmol

$R =$ Universale Gaskonstante $= 847{,}84$ mkg//kmol °C

$R_L =$ Gaskonstante für Luft $=$ $= 29{,}266$ mkg/kg°C $= R/M_L$

$R_G =$ Gaskonstante für Gasgemisch $= R/M_G$

$\varkappa =$ Adiabatenexponent

$\eta_i =$ Innerer Wirkungsgrad

$\eta_e =$ Wirkungsgrad an der Welle

$\eta_T =$ Temperaturwirkungsgrad

$\eta_R =$ Rückgewinnungsgrad des Wärmeaustauschers

$\eta_B =$ Brennkammerwirkungsgrad

$\eta_m =$ Mechanischer Wirkungsgrad

$\eta_{RT} =$ Rückgewinnungsgrad des Wärmeaustauschers, gerechnet aus Temperatur

$N_e =$ Nutzleistung in PS

$\eta_{th} =$ Thermischer Wirkungsgrad

$L =$ Leistung in mkg/kg

$H_{u0} =$ Unterer Heizwert, bezogen auf Temperatur T_0

$b =$ Spezifischer Brennstoffverbrauch in g/PSh

$\varepsilon_{RL} =$ Luftseitiger Wärmeaustauscherdruckverlust $= \dfrac{\Delta p_{RL}}{p_2}$ [1]

$\varepsilon_B =$ Brennkammerdruckverlust $= \dfrac{\Delta p_B}{p_2}$ [1]

$\varepsilon_{RG} =$ Gasseitiger Wärmeaustauscherdruckverlust $= \dfrac{\Delta p_{RG}}{p_1}$ [1]

$K_{KWi} =$ Enthalpiekorrekturfaktor bei Kompression wasserdampfhältiger Luft

$K_{KWT} =$ Temperaturkorrekturfaktor bei Kompression wasserdampfhältiger Luft

$K_{EWi} =$ Enthalpiekorrekturfaktor bei Expansion wasserdampfhältiger Luft

$K_{EWT} =$ Temperaturkorrekturfaktor bei Expansion wasserdampfhältiger Luft

$K_{WWi} =$ Enthalpiekorrekturfaktor bei Wärmetausch wasserdampfhältiger Luft

$K_{\gamma W} =$ Korrekturfaktor für γ bei wasserdampfhältiger Luft

$K_{\gamma B} =$ Korrekturfaktor für γ bei Verbrennungsgasen

$K_{DW} =$ Korrekturfaktor für Durchsatz bei wasserdampfhältiger Luft

$K_{DB} =$ Korrekturfaktor für Durchsatz bei Verbrennungsgasen

$K_{EBi} =$ Enthalpiekorrekturfaktor bei Expansion von Verbrennungsgas

$K_{EBT} =$ Temperaturkorrekturfaktor bei Expansion von Verbrennungsgas

$K_{WBi} =$ Enthalpiekorrekturfaktor bei Wärmetausch von Verbrennungsgas

Indices:

$..k =$ Kompressor

$..t =$ Turbine

$..R =$ Wärmeaustauscher

$..B =$ Brennkammer oder Brennstoff

$..G =$ Gas

$..L =$ Luft (nur trockene Luft ist gemeint, alles übrige gilt als Gas)

$..i =$ innerer

$..is =$ isentropisch

$..e =$ effektiv

---

[1] Kruschik, J.: Die Gasturbine. Wien: Springer-Verlag, 1952.

A. Beschreibung der Tafeln

Die Tafeln wurden unter Verwendung der Tabellenwerte von Keenan und Kaye[1] aufgestellt. Um Interpolieren zu vermeiden, wurde die Darstellungsmethode von A. Amorosi[2] verwendet, wodurch schnelles Rechnen ermöglicht wird.

Die Tafeln (Tafel 1a bis 1e) für trockene Luft sind für eine Zusammensetzung der Luft in Gewichtsprozenten von

75,47 % N_2
23,20 % O_2
1,33 % A

nach den Werten von Keenan und Kaye erstellt.

Die angenommene Zusammensetzung der Luft enthält kein CO_2, da dieses nur in sehr geringen Mengen vorkommt (0,04 %). Doch selbst ein Anstieg auf 1 % ergibt erst Fehler von etwa 0,3 % in den Enthalpiewerten.

Eine Verschiebung von N_2 und O_2 hat wenig Einfluß, da diese Gase sehr ähnlich sind.

Die Tafeln geben den Zusammenhang zwischen absoluter Temperatur, Enthalpie und einer relativen Druckfunktion

$$\frac{R}{J}\ln pr = \int_{T_0}^{T} cp \frac{dT}{T}$$

nach Keenan und Kaye, wobei das Druckverhältnis eines Prozesses proportional dem Verhältnis der relativen Drücke ist.

Das spezifische Gewicht oder das spezifische Volumen werden leicht nach der Formel

$$\frac{1}{v} = \gamma = \frac{P}{RT}$$

ermittelt, wobei für Luft R mit 29,266 einzusetzen ist.

Zusätzlich sind Korrekturwerte für Wasserdampf oder Verbrennungsgase in der Luft gegeben, Tafel 2 bis 7.

Für Enthalpiedifferenz gilt

$$\Delta i_G = \Delta i_L (1 + K_{Bi} + K_{Wi}),$$

für Temperaturdifferenz

$$\Delta T_G = \Delta T_L (1 - K_{BT} - K_{WT}),$$

wobei K_{Bi} den Enthalpiekorrekturfaktor für Verbrennungsgase und K_{Wi} den Enthalpiekorrekturfaktor für Wasserdampf in der Luft darstellen. K_{BT} und K_{WT} sind die Temperaturkorrekturfaktoren für Verbrennungsgase und Wasserdampf

in der Luft. Die Indices G und L bedeuten Gas beziehungsweise Luft.

Die Korrekturfaktoren für Wasserdampf korrigieren die Werte für trockene Luft entsprechend dem Wasserdampfgehalt der Luft, exklusive dem Wasserdampf aus der Verbrennung, während die Korrekturwerte für Verbrennungsgas die entstandenen CO_2- und H_2O-Mengen bei vollkommener Verbrennung minus dem verbrauchten O_2 berücksichtigen. Diese Korrekturfaktoren sind für die Brennstoffe Diesel- und Heizöl mit H/C=0,15 und Petroleum und Benzin mit H/C=0,18 gegeben. Man beachte, daß die Enthalpiekorrektur immer additiv, die Temperaturkorrektur immer subtraktiv ist.

Alle chemischen Reaktionen sind als vollkommen angenommen. Dissoziation ist nicht berücksichtigt, was bis zu Temperaturen von 1400°K zu vernachlässigbar kleinen Fehlern führt.

Die Korrekturfaktoren sind aus den Einzelgasen ermittelt, wobei verschiedene Temperaturen und Drücke berücksichtigt sind. Es definiert sich z. B. der Korrekturfaktor für Expansion von Verbrennungsgasen folgendermaßen:

$$K_{EBi} = (\Delta i_G - \Delta i_L)/\Delta i_L$$

oder

$$\Delta i_G = \Delta i_L (1 + K_{EBi}).$$

Nach dem Daltonschen Gesetz ergibt sich für ein Gasgemisch, das aus trockener Luft (1) (wird als Einzelgas aufgefaßt) und weiteren Einzelgasen (2), (3), (4) usw. besteht, für Enthalpie, relative Druckfunktion und spezifische Wärme folgende Beziehung:

$$G_G \cdot i_G = G_1 \cdot i_1 + G_2 \cdot i_2 + G_3 \cdot i_3 + \ldots$$
$$G_G \cdot pr_G = G_1 \cdot pr_1 + G_2 \cdot pr_2 + G_3 \cdot pr_3 + \ldots$$
$$G_G \cdot c_{pG} = G_1 \cdot c_{p1} + G_2 \cdot c_{p2} + G_3 \cdot c_{p3} + \ldots$$

Mit Kenntnis von i, pr und c_p der Einzelgase als Funktion der Temperatur[1] kann i_G, pr_G und c_{pG} als Funktion der Temperatur gerechnet werden.

Für ein bestimmtes T_1 und Π kann aus den Lufttafeln i_{1L}, pr_{1L}, T_{2L}, i_{2L} und pr_{2L} bestimmt werden. Aus den gerechneten Gaswerten erhält man i_{1G}, pr_{1G}, T_{2G}, i_{2G} und pr_{2G} mit gleichem T_1 und Π.

Daraus ergeben sich die Korrekturfaktoren z. B. für Expansion

$$-K_{EBT} = (\Delta T_G - \Delta T_L)/\Delta T_L \text{ für Temperatur},$$
$$K_{EBi} = (\Delta i_G - \Delta i_L)/\Delta i_L \text{ für Enthalpie}.$$

Für Wärmeaustausch konnten die Korrekturfaktoren aus der Kenntnis von Δi_G und Δi_L zwischen zwei Temperaturen ermittelt werden.

---

[1] Keenan und Kaye: Gas Tables, New York: J. Wiley & Sons, Inc.
[2] Amorosi, A.: Gas Turbine Gas Charts. Research Memorandum 6—44, Navy Dept., Washington.

Die Korrekturfaktoren für γ und G wurden aus

$$\frac{\gamma_G}{\gamma_L} = \frac{R_L}{R_G}$$

und

$$\frac{G_G}{G_L} = \sqrt{\frac{R_L}{R_G}}$$

gewonnen, wobei

$$G_G \cdot R_G = G_1 \cdot R_1 + G_2 \cdot R_2 + G_3 \cdot R_3 + \ldots$$

ist.

$\frac{G_G}{G_L} = \sqrt{\frac{R_L}{R_G}}$ ist wie folgt gewonnen:

Aus der bekannten Formel $G = F \cdot w \cdot \gamma$ gewinnt man

$$\frac{G_G}{G_L} = \frac{w_G \gamma_G}{w_L \gamma_L}.$$

Da sich bei zwei strömenden Gasen die Geschwindigkeiten umgekehrt wie die Wurzel aus ihren spezifischen Gewichten verhalten, folgt

$$\frac{G_G}{G_L} = \frac{\gamma_G}{\gamma_L}\sqrt{\frac{\gamma_L}{\gamma_G}} = \sqrt{\frac{R_L}{R_G}}.$$

$K\gamma$ bestimmt sich dann aus

$$K\gamma = (\gamma_G - \gamma_L)/\gamma_L = \frac{\gamma_G}{\gamma_L} - 1.$$

und

$$K_D = \sqrt{K\gamma + 1} - 1.$$

Die Genauigkeit der Korrekturwerte schwankt zwischen ± 1 und $\pm 10\%$. Ein Irrtum von $\pm 10\%$ bei den Korrekturfaktoren, die viel kleiner als eins sind, führt infolge deren Kleinheit bei Errechnung einer Zustandsänderung zu einem Gesamtirrtum von etwa $0{,}1\%$, bei einem x oder f von zirka $0{,}01$.

Zusätzlich sind Werte für Verbrennungsrechnungen gegeben, Tafel 8, die Temperatur und Enthalpie für $CO_2 + H_2O - O_2$ bei vollständiger Verbrennung für die Brennstoffe $H/C = 0{,}15$ und $0{,}18$ zeigen.

Der Klammerausdruck $(CO_2 + H_2O - O_2)$ ist als Einzelmenge aufgefaßt und kurz λ genannt[1].

Aus der Verbrennungsformel folgt:

$$C = CO_2 - O_2$$
$$1\ kg = 44{,}01/12{,}01 - 32/12{,}01$$
$$H_2 = H_2O - \tfrac{1}{2} O_2$$
$$1\ kg = 18{,}016/2{,}016 - 16/2{,}016$$

Da die Masse eines Brennstoffes aus H und C besteht, ausgedrückt durch das H/C-Verhältnis, beträgt der Wasserstoffgehalt pro kg Brennstoff $(H/C)/[1 + (H/C)]$ und der Kohlenstoffgehalt pro kg Brennstoff $1/[1 + (H/C)]$. Damit ergibt sich die Gewichtsmenge pro kg verbranntem Brennstoff mit:

$$\frac{1}{1+H/C} \cdot \frac{44{,}01}{12{,}01} \ldots\ldots\ldots\ kg\ CO_2$$

$$\frac{H/C}{1+H/C} \cdot \frac{18{,}016}{2{,}016} \ldots\ldots\ldots\ kg\ H_2O$$

$$-\left[\frac{1}{1+H/C} \cdot \frac{32{,}0}{12{,}01} + \frac{H/C}{1+H/C} \cdot \frac{16}{2{,}016}\right] \ldots kg\ O_2.$$

Damit können die Werte für λ mit dem Daltonschen Gesetz ermittelt werden. Die Enthalpie von λ ist 0 bei $0°\ K$, wobei alle Bestandteile gasförmig gedacht sind.

Zusätzlich zu diesen Tafeln sind noch C_p- und $\varkappa$-Werte für trockene Luft ($\lambda = \infty$), Verbrennungsgas mit $\lambda = 2$ und 4 für Brennstoff $(CH_2)_n$, CO_2, H_2O-Dampf, O_2, CO, N_2 und H_2 nach Werten von Keenan und Kaye gegeben, Tafel 9 bis 12. Die Verbrennungsgaszusammensetzung bei $\lambda = 2$ ist in Volumsprozent

CO_2 6,760
H_2O 6,760
Luft 96,620
O_2 .... $-10{,}140$

und bei $\lambda = 4$

CO_2 3,438
H_2O 3,438
Luft 98,281
O_2 .... $-5{,}157$

Tafel 13 zeigt die Molekulargewichte und Gaskonstanten für verschiedene Brennstoff-Luft-Verhältnisse eines Brennstoffes $(CH_x)_n$.

Um die Tafelwerte in kcal/kmol zu bekommen, sind die einzelnen Werte mit dem Molekulargewicht von Luft (28,970) bzw. dem Molekulargewicht des betreffenden Gases zu multiplizieren. Das Molekulargewicht des Gases erhält man aus der Beziehung

$$M_G = \frac{847{,}84}{R_G}.$$

Aus

$$K\gamma = \frac{R_L}{R_G} - 1$$

und

$$R_G = \frac{R_L}{K\gamma + 1}$$

ergibt sich

$$M_G = \frac{847{,}84}{R_L}(K\gamma + 1) = M_L(K\gamma + 1)$$
$$M_G = 28{,}970\,(K\gamma + 1).$$

Das Molekulargewicht für Rauchgas erhält man auch aus Tafel 13.

Für schnelle überschlagsmäßige Rechnungen kann man die Werte für trockene Luft allein verwenden, oder man bedient sich der bereits von Kruschik[2] gezeigten Diagramme.

---

[1] London, A. L.: Gas Turbine Combustion Chamber Concept of Efficiency, Research Memorandum 7—44, Navy Dept., Washington.

[2] Kruschik, J.: Die Gasturbine. Wien: Springer-Verlag, 1952.

B. Beispiele

Bei den in der Folge gezeigten Beispielen sind die Anfangs- und Endzustände der Kreisprozesse nach der Abb. 1 bezeichnet, soweit nicht besonders erwähnt.

1. Verdichtung

Gegeben: $T_1 = 300°$ K
$\Pi = 6$
$\eta_{ki} = 86\%$
$x = 0,02$.

Gesucht: Δi_G und T_{2G}'.

Vorgang: Aus den Tafeln für trockene Luft findet man für $T_1 = 300°$ K ein pr von 1,386 und ein i_1 von 71,72 (Tafel 1a).

$$pr_2 = \Pi \cdot pr_1 = 6 \cdot 1,386 = 8,316$$

für $pr_2 = 8,316$ findet man aus Tafel 1a ein i_2 von 119,75. Damit wird für isentropische Verdichtung

$$\Delta i_{Lis} = 119,75 - 71,72 = 48,03 \text{ kcal/kg}.$$

Δi_L für $\eta_{ki} = 86\%$ wird dann
$\Delta i_L = \Delta i_{Lis}/\eta_{ki} = 48,03/0,86 = 55,85$ kcal/kg.

Damit wird $i_2' = 71,72 + 55,85 = 127,57$ kcal/kg. Aus Tafel 1a findet man dafür ein T_2' von 530,1° K · $\Delta T_L = 530,1 - 300 = 230,1°$ K.

Korrekturfaktoren:
Für Wasserdampf in der Luft findet man bei $x = 0,02$ aus Tafel 2 ein K_{KWT} von 0,006 und ein K_{KWi} von 0,0104.
Daraus ergeben sich:
$\Delta i_G = \Delta i_L(1 + K_{KWi}) = 55,85 \cdot 1,0104 = 56,431$ kcal/kg,
$\Delta T_G = \Delta T_L(1 - K_{KWT}) = 230,1 \cdot 0,994 = 228,72$ kcal/kg.
Damit wird $T_{2G}' = T_1 + 228,72 = 528,72°$ K.

2. Expansion

Gegeben: $T_3 = 1110°$ K
$\Pi = 5$
$\eta_{ki} = 88\%$
$x = 0,02$
$f = 0,018$
Brennstoff: Heizöl (H/C = 0,15).

Gesucht: i_G und T_{4G}'.

Vorgang: Aus Tafel 1c für trockene Luft findet man für 1110° K ein pr_3 von 173,3 und ein i_3 von 280,09,

$$pr_4 = pr_3/\Pi = 173,3/5 = 34,666,$$

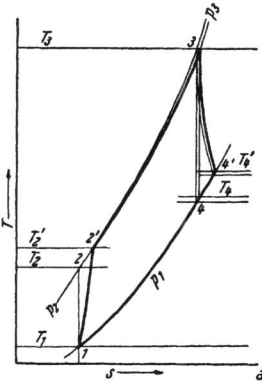
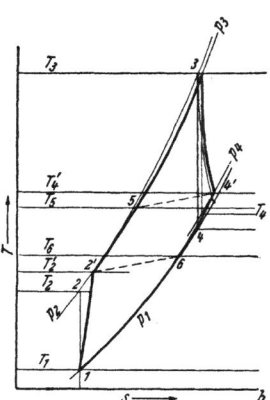

Abb. 1. Der einfache Kreisprozeß.
a ohne Wärmeaustausch, b mit Wärmeaustausch.

dafür aus Tafel 1b $i_{4isL} = 179,49$,
$\Delta i_{Lis} = 280,09 - 179,49 = 100,60$ kcal/kg,
$\Delta i_L = \Delta i_{Lis} \cdot 0,88 = 100,60 \cdot 0,88 = 88,528$ kcal/kg
und $i_{4L}' = 280,09 - 88,528 = 191,562$ kcal/kg;

damit findet man aus Tafel 1b ein T_{4L}' von 781,7° K.

$\Delta T_L = T_3 - T_{4L}' = 1110 - 781,7 = 328,3$.

Korrekturfaktoren:
Aus Tafel 2 für $x = 0,02$ $K_{EWT} = 0,0062$
Aus Tafel 3 für $x = 0,02$ $K_{EWi} = 0,0134$
Aus Tafel 5 für $f = 0,018$ $K_{EBT} = 0,0235$
Aus Tafel 6 für $f = 0,018$ $K_{EBi} = 0,0041$

Damit erhält man:
$\Delta i_G = \Delta i_L(1 + K_{EWi} + K_{EBi}) = 90,077$ kcal/kg
$\Delta T_G = \Delta T_L(1 - K_{EWT} - K_{EBT}) = 318,55°$
$T_{4G}' = T_3 - \Delta T_G = 791,286°$ K.

3. Wärmeaustausch

Gegeben: $T_4' = 695°$ K
$T_6 = 400°$ K
$x = 0,02$
$f = 0,018$
Brennstoff: Heizöl (H/C = 0,15).

Gesucht: Δi_G

Aus den Lufttafeln 1a und 1b findet man für $T_4' = 695$ ein i_4' von 169,1 und für $T_6 = 400$ ein i_6 von 95,76.
Damit $\Delta i_L = 169,1 - 95,76 = 73,34$ kcal/kg.

Korrekturfaktoren:
Aus Tafel 4 für $x = 0,02$, $K_{WWi} = 0,018$.
Aus Tafel 7 für $f = 0,018$, $K_{WBi} = 0,0215$.

$\Delta i_G = \Delta i_L(1 + K_{WWi} + K_{WBi}) = 76,24$ kcal/kg.

4. Verbrennung

Gegeben: $T_5 = 612\ °K$
$T_3 = 1110\ °K$
$T_B = 334\ °K$
$T_0 = 293\ °K$
$x = 0{,}02$
$\eta_B = 98\ \%$
Brennstoff: Heizöl (H/C = 0,15)
$H_{u0} = 10\,000$ kcal/kg bei $T_0 = 293°K$
$c_p = 0{,}5$.

Gesucht: f kg Brennstoff pro kg eintretender Luft.

Aus Tafel 1a und 1c findet man für $T_5 = 612$, $i_5 = 145{,}48$ und für $T_3 = 1110$, $i_3 = 280{,}09$.

$\Delta i_L = 134{,}61$ kcal/kg.

Korrekturfaktoren:
Aus Tafel 4 findet man für $x = 0{,}02$, $K_{WWi} = 0{,}0192$.

Verbrennungsdaten aus Tafel 8:
Für T_0 von 293° K ergibt sich ein i_0 von 97
für $T_3 = 1110$ ein i_3 von 592,
somit ein Δi_λ von 495 kcal/kg.

Rechnerischer Brennstoffbedarf ergibt sich nach A. L. London aus

$$f_{th} = \frac{\Delta i_G}{Hu_0 + \Delta i_B - \Delta i_\lambda} = \frac{\Delta i_L(1+K_{WWi})}{10\,000 + 0{,}5(334-293) - 495} =$$

$$= \frac{137{,}19}{9525{,}5} = 0{,}0144 \text{ kg/kg Luft}.$$

Der wirkliche Brennstoffbedarf ergibt sich aus

$f = f_{th}/\eta_B = 0{,}0144/0{,}98 = 0{,}01469$ kg/kg Luft.

5. Dichte

Gegeben: $T = 900°\ K$
$p = 6{,}8$ kg/cm²
$x = 0{,}02$
$f = 0{,}018$ (H/C = 0,15).

Gesucht: γ_G.
Vorgang:
$$\gamma_L = \frac{P}{RT} = \frac{68\,000}{29{,}266 \cdot 900} = 2{,}5817 \text{ kg/m}^3.$$

Korrekturfaktoren:
Aus Tafel 4 findet man für

$x = 0{,}02\quad K_{\gamma W} = -0{,}0115$
$f = 0{,}018\quad K_{\gamma B} = +0{,}0011$
$\gamma_G = \gamma_L(1 + K_{\gamma W} + K_{\gamma B}) = 2{,}555$ kg/m³.

6. Durchsatzmenge

Die Durchsatzmenge von trockener Luft durch eine Düse beträgt 30 kg/sek. Man finde für $x = 0{,}02$ und $f = 0{,}018$ (H/C = 0,15) den Durchsatz.

Aus Tafel 4 ergibt sich für

$x = 0{,}02\quad K_{DW} = -0{,}0058$
$f = 0{,}018\quad K_{DB} = +0{,}00055$
$G_G = G_L(1 + K_{DW} + K_{DB}) = 29{,}84$ kg/sek.

7. Dichte für Verbrennungsgase

Gleiche Angaben wie unter 5., jedoch $x = 0$.

$\gamma_G = \gamma_L(1 + 0{,}0011) = 2{,}5845$ kg/m³.

Methode mittels Tafel 13:
Man sucht den Prozentsatz der theoretischen Brennstoffmenge.
Der Brennstoff H/C = 0,15 hat

13,04% H
86,96% C

min L findet man nach Hütte, Bd. 1, 27. Aufl., aus min $L = 11{,}49 \cdot c \cdot \sigma$ kg/kg

$$\sigma = 1 + \frac{3\,H}{C} \frac{\text{kmol O}}{\text{kmol C}},$$
$$\sigma = 1{,}4499$$

min $L = 14{,}487$ kg/kg oder 0,096 kg Brennstoff pro kg Luft.
$f = 0{,}018 = 26{,}1\%$ der theoretischen Brennstoffmenge. Aus Tafel 13 ergibt sich ein $M = 29{,}002$.
$R = 847{,}84/29{,}002 = 29{,}234$.

$\gamma_G = 2{,}5845$ kg/m³.

8. Durchsatzmenge für Verbrennungsgase

Gleiche Angaben wie unter 6., jedoch $x = 0$
$G_G = G_L(1 + 0{,}00054)$
$G_G = 30{,}0162$ kg/sek.

Methode nach Tafel 13:
Wie unter 7 findet man aus Tafel 13

$R_G = 29{,}234$
$R_L = 29{,}266$

$$\sqrt{\frac{R_L}{R_G}} = 1{,}00054$$

$G_G = G_L \cdot 1{,}00054 = 30{,}0162$ kg/sek.

9. Berechnung einer Gasturbinenanlage nach Abb. 1b

Gegeben: $G_L = 5$ kg/sek
$p_1 = 1$ kg/cm²\quad $T_1 = 300\ °K$
$p_2 = 6$ kg/cm²\quad $T_3 = 1110°\ K$
$x = 0{,}02$
$\eta_{kt} = 84\%$\quad $\eta_{ki} = 86\%$\quad ($\eta_m = 97{,}6\%$)

Energieverlust durch Druckverluste von 2' bis 3 1,5%, von 4' bis 6 1% der idealen Turbinenleistung. Meist ist ε_{RL} und ε_B sowie ε_{RG} direkt gegeben.

Beispiele

$\eta_R = 60\%$
$\eta_B = 98\%$
Brennstoff: Heizöl (H/C = 0,15)
$H_{u0} = 10000$ kcal/kg
$T_0 = 293°$ K
$T_B = 293°$ K
$\eta_{te} = 86\%$ $\eta_{ti} = 88\%$.

Gesucht: T_{2G}', Δi_{kG}, N_k, $\varepsilon_{RL} + \varepsilon_B$, ε_{RG}, p_3, p_4, T_{4G}', Δi_{tG}, N_t, T_{5G}, f, N_e, b, η_{th}.

Rechnungsgang:

Für den Kompressor kann der Rechnungsgang aus Beispiel 1 genommen werden.

$\Delta i_{kG} = 56,431$ kcal/kg
$T_{2G}' = 528,72°$ K

$\Delta i_{kGis} = \Delta i_{kG} \cdot \eta_{ki} = 56,431 \cdot 0,86 = 48,53$ kcal/kg

$N_k = \dfrac{427 \cdot \Delta i_{Gis} \cdot G_L}{75 \cdot \eta_{ke}} = \dfrac{427 \cdot 48,53 \cdot 5}{75 \cdot 0,84} = 1644,63$ PS.

Durch die Druckverluste zwischen p_2 und p_3 sowie p_4 und p_1 wird das Druckverhältnis in der Turbine verkleinert und damit die an der Turbine verfügbare Leistung. Da bei diesem Beispiel die Verluste in Prozent der idealen Turbinenleistung angegeben sind, muß diese und die Druckverluste ermittelt werden, s. Abb. 2.

Zur Ermittlung der Druckverluste werden Werte für trockene Luft genommen, Korrekturen können vernachlässigt werden.
Mit $T_m = 1110$ findet man aus den Lufttafeln $pr_m = 173,3$ $i_m = 280,09$.
$pr_n = (1/6) \cdot 173,3 = 28,888$, dies ergibt ein $i_n = 170,50$ und damit $\Delta i_{nm} = 109,59$ kcal/kg.
$\Delta i_{n0} = \%$ Energieverlust · Gesamtenergie $= 0,015 \cdot 109,59 = 1,643$ kcal/kg,
$\Delta i_{op} = 0,01 \cdot 109,59 = 1,096$ kcal/kg.

Nun kann man Δp_{41} und Δp_{23} finden.
$i_o = i_n + \Delta i_{n0} = 170,50 + 1,643 = 172,143$
$i_p = i_o + \Delta i_{op} = 172,143 + 1,096 = 173,239$
$pr_o = 29,9$
$pr_p = 30,57$
$p_3/p_2 = pr_n/pr_o = 28,888/29,9 = 0,96615$
$p_3 = p_2 \, (pr_n/pr_o) = 6 \cdot 0,96615 = 5,7969$ kg/cm²
$p_4/p_1 = pr_p/pr_o = 30,57/29,90 = 1,0224$
$p_4 = 1,0224$ kg/cm²
$\Delta p_{23} = 6 - 5,7969 = 0,2031$ kg/cm²
$\Delta p_{41} = 1,0224 - 1 = 0,0224$ kg/cm²
$\varepsilon_{RL} + \varepsilon_B = \Delta p_{23}/p_2 = 0,0338 = 3,38\%$
$\varepsilon_{RG} = \Delta p_{41}/p_1 = 0,0224 = 2,24\%$

Vor der Berechnung der Turbine braucht man noch einen Wert für f.

$\Delta i_{34}' = \Delta i_{nm}(1 - \%\ \text{Energieverlust}/100)\eta_{Ti} =$
$= 109,59 \, (1 - 0,025) \cdot 0,88 = 94,028$ kcal/kg
$i_4' = i_3 - \Delta i_{34}' = 280,09 - 94,028 = 186,06$ kcal/kg
$T_4' = 760,7°$ K, $T_{2G}' = 528,72°$ K
$\Delta T_{25}' = \eta_R(T_4' - T_{2G}') = 0,60(760,70 - 528,72) =$
$= 139,188$
$T_5 = T_{2G}' + \Delta T_{25}' = 667,908°$ K

i_5 findet man aus den Lufttafeln mit 162,15 kcal/kg

$f = f_i/\eta_B = \dfrac{\Delta i_{53}}{\eta_B \, (H_{u0} - \Delta i_{\lambda 03})} = \dfrac{280,09 - 162,15}{0,98 \, (10000 - 495)} =$
$= 0,01266$.

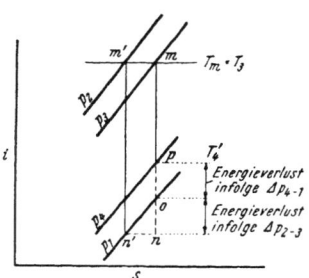

Abb. 2. Energieverluste infolge von Druckverlusten.

Nun haben wir für die Turbinenberechnung
$p_3 = 5,7969$ kg/cm²
$p_4 = 1,0224$ kg/cm²
$\eta_{te} = 0,86$ $\eta_{ti} = 0,88$
$x = 0,02$ ungef. $f = 0,01266$ (H/C = 0,15)
$T_3 = 1110°$ K.

Für $T_3 = 1110$ findet man aus Tafel 1c
$pr_3 = 173,3$, $i_3 = 280,09$.
$\Pi = 5,7969/1,0224 = 5,669$
$pr_4 = 173,3/5,669 = 30,569$
$i_4 = 173,24$
$\Delta i_{34} = 280,09 - 173,24 = 106,85$ kcal/kg
$\Delta i_{34}' = \Delta i_{34} \cdot \eta_{ti} = 106,85 \cdot 0,88 = 94,028$ kcal/kg
$i_4' = i_3 - \Delta i_{34}' = 280,09 - 94,028 = 186,062$
T_4' aus Tafel 1b $= 760,7°$ K
$\Delta T_{34}' = 1110 - 760,7 = 349,3$.

Korrekturfaktoren:

$K_{EWT} = 0,0061$ $K_{EWi} = 0,0134$
$K_{EBT} = 0,016$ $K_{EBi} = 0,0031$
$\Delta i_{34G}' = \Delta i_{34}'(1 + K_{EWi} + K_{EBi}) = 94,028 \cdot 1,0165 =$
$= 95,58$
$(\Delta i_{34G} = \Delta i_{34G}'/\eta_{ti} = 95,58/0,88 = 108,613)$
$\Delta T_{34G}' = \Delta T_{34}'(1 - K_{EWT} - K_{EBT}) = 349,3 \cdot$
$\cdot 0,9779 = 341,58$
$T_{4G}' = T_3 - \Delta T_{34G}' = 1110 - 341,58 = 768,42°$ K

$$N_i = \frac{427 \cdot \Delta i_{34G} \cdot \eta_{te} \cdot G_G}{75} =$$
$$= \frac{427 \cdot 108{,}613 \cdot 0{,}86 \, (5 \cdot 1{,}01266)}{75} = 2692{,}635 \text{ PS}.$$

Wärmeaustauscher:

Mit $\eta_R = 0{,}60$ findet man T_5 und i_5 wie folgt:

$$\eta_R = \frac{i_{5G} - i_{2G}'}{i_{4G}' - i_{2G}'} = \frac{(i_5 - i_2')\,(1 + K_{WWi})}{(i_4' - i_2')\,(1 + K_{WWi})}$$

für $T_{4G}' = 768{,}42$ findet man aus den Lufttafeln
$i_4' = 188{,}05$
für $T_{2G}' = 528{,}72$ $\quad i_2' = 127{,}22$

$$\eta_R = 0{,}60 = \frac{(i_5 - 127{,}22)\,(1 + 0{,}0183)}{(188{,}05 - 127{,}22)\,(1 + 0{,}0183)}$$

$i_5 = 163{,}718$ kcal/kg
$T_5 = 674^\circ$ K.

Verbrennung:

$$f = f_i/\eta_B = \frac{\Delta i_{53G}}{\eta_B \,(H_{u0} - \Delta i_{03\lambda})} =$$
$$= \frac{(280{,}09 - 163{,}718)\,(1 + 0{,}019)}{0{,}98 \,(10000 - 495)} = 0{,}01273.$$

Leistung der Anlage:
$N_e = N_i - N_k = 2692{,}635 - 1644{,}63 = 1048$ PS
spezifischer Brennstoffverbrauch

$$b = \frac{3600 \cdot f \cdot G_L}{N_e} = \frac{3600 \cdot 0{,}01273 \cdot 5}{1048} = 0{,}2186$$

$b = 218{,}6$ g/PSh

$$\eta_{th} = \frac{N_e \cdot 75}{427 \cdot G_B \cdot H_{u0}} = \frac{1048 \cdot 75}{427 \cdot 5 \cdot 0{,}01273 \cdot 10000} =$$
$= 0{,}2892$

$\eta_{th} = 28{,}92\%$.

10. Zurückrechnung einer Gasturbinenanlage aus Versuchsdaten

Gegeben: $G_L = 5$ kg/sek (gerechnet als trockene Luft)
$x = 0{,}02$
$p_1 = 1$ kg/cm² $\quad p_2 = 6$ kg/cm²
$T_1 = 300^\circ$ K $\quad T_2' = 528{,}72^\circ$ K
$T_3 = 1110^\circ$ K $\quad T_5 = 674^\circ$ K
$T_4' = 768{,}42^\circ$ K
$p_3 = 5{,}7969$ kg/cm²
$p_4 = 1{,}0224$ kg/cm²
$f = 0{,}013$ Heizöl H/C $= 0{,}15$
$H_{u0} = 10000$ kcal/kg $\quad c_{pB} = 0{,}5$
$T_0 = 293^\circ$ K $\quad T_B = 334^\circ$ K
$N_k = 1644$ PS $\quad N_e = 1048$ PS.

Gesucht: G_L, η_{ki}, η_{kc}, η_{kT}, η_R, η_{RT}, η_B, η_{ti}, η_{te}, η_{tT}, Energieverlust der Turbine durch Strömungswiderstände, b, η_{th}.

Rechnungsgang:
a) Durchsatz

$G_G = G_L(1 + K_{DW}) = 5(1 + 0{,}0058) = 4{,}971$ kg/sek.

b) Kompressor

für $T_1 = 300^\circ$ K $\quad pr_1 = 1{,}386 \quad i_1 = 71{,}72$
$pr_2 = 6 \cdot 1{,}386 = 8{,}316 \quad i_2 = 119{,}75 \quad T_2 = 498{,}3$
$\Delta i_{is} = 48{,}03 \quad \Delta T_{is} = 198{,}3.$

Korrektur
$\Delta i_{isG} = 48{,}03(1 + 0{,}0104) = 48{,}53$ kcal/kg
$\Delta T_{isG} = 198{,}30(1 - 0{,}006) = 197{,}11^\circ$

$$\left(\frac{L}{J}\right)_k = \frac{N_K \cdot 75}{427 \cdot G_G} = 58{,}087 \text{ kcal/kg}$$

$$\eta_{kc} = \frac{\Delta i_{isG}}{\left(\frac{L}{J}\right)_k} = \frac{48{,}53}{58{,}087} = 83{,}54\%$$

$\Delta T_{12G}' = \Delta T_{12}'(1 - K_{KWT})$
$528{,}72 - 300 = \Delta T_{12}'(1 - 0{,}006)$
$\Delta T_{12}' = 230{,}1^\circ$ K
$T_{2L}' = T_1 + \Delta T_{12}' = 300 + 230{,}1 = 530{,}1^\circ$ K
aus den Tafeln $i_{2L}' = 127{,}57$ kcal/kg
$\Delta i_{12L}' = 127{,}57 - 71{,}72 = 55{,}85$ kcal/kg

$$\eta_{ki} = \frac{\Delta i_{isG}}{\Delta i_{12G}'} = \frac{48{,}53}{55{,}85\,(1 + 0{,}0104)} = 0{,}86$$

$$\eta_{kT} = \frac{\Delta T_{isG}}{\Delta T_{12G}'} = \frac{197{,}11}{228{,}72} = 0{,}8619.$$

c) Wärmeaustauscher

$$\eta_R = \frac{i_{5G} - i_{2G}'}{i_{4G}' - i_{2G}'} = \frac{(i_5 - i_2')\,(1 + K_{WWi})}{(i_4' - i_2')\,(1 + K_{WWi})} =$$
$$= \frac{(163{,}718 - 127{,}22)\,(1 + 0{,}0182)}{(188{,}05 - 127{,}22)\,(1 + 0{,}0184)} = 59{,}98 \%,$$

$$\eta_{RT} = \frac{T_5 - T_2'}{T_4' - T_2'} = \frac{674 - 528{,}72}{786{,}42 - 528{,}72} = 60{,}6 \%.$$

d) Brennkammer

$$f_i = \frac{(i_3 - i_5)\,(1 + K_{WWi})}{H_{u0} + (T_B - T_0)\,c_{pB} - \Delta i_\lambda} =$$
$$= \frac{(280{,}09 - 163{,}718)\,(1 + 0{,}0196)}{10000 + 20{,}5 - 495} = 0{,}012456,$$

$f = 0{,}013 \cdot 5/4{,}971 = 0{,}013076$
$\eta_B = 0{,}012456/0{,}013076 = 0{,}952$

e) Turbine

Wie beim Kompressor findet man
$\Delta i_{34isG} = 108{,}634$ kcal/kg
$\Delta T_{34isG} = 389{,}91^\circ$ K

$$\left(\frac{L}{J}\right)_t = \frac{75\,(1048 + 1644)}{427 \cdot 1{,}013 \cdot 4{,}971} = 93{,}907 \text{ kcal/kg}$$

$$\eta_{te} = \frac{\left(\frac{L}{J}\right)_t}{\Delta i_{34isG}} = \frac{93{,}907}{108{,}634} = 0{,}8644$$

$\Delta T_{34G}' = \Delta T_{34}'(1 - K_{EWT} - K_{EBT})$
$1110 - 768{,}42 = \Delta T_{34}'(1 - 0{,}0061 - 0{,}0162)$
$\Delta T_{34}' = 349{,}37$
$T_4' = T_3 - \Delta T_{34}' = 1110 - 349{,}37 = 760{,}63^\circ$ K
$i_4' = 186{,}06$ kcal/kg
$\Delta i_{34}' = 280{,}09 - 186{,}06 = 94{,}03$ kcal/kg

$$\eta_{ti} = \frac{94{,}03\,(1+0{,}0134+0{,}0032)}{108{,}634} = 0{,}8799$$

$$\eta_{tT} = \frac{\Delta T_{34G'}}{\Delta T_{34isG}} = \frac{341{,}58}{389{,}91} = 0{,}876.$$

f) Energieverlust infolge von Strömungswiderständen

Für $T_3 = 1110$ findet man $pr_3 = 173{,}3$ $i_3 = 280{,}09$
(Punkt m, Abb. 2)
$pr_n = 173{,}3/6 = 28{,}883$
$i_n = 170{,}5$
$\Delta i_{nm} = 280{,}09 - 170{,}5 = 109{,}59$ kcal/kg.

Mit Druckverlust von 6 auf 5,7969 findet man
$pr_0 = (6/5{,}7969) \cdot 28{,}883 = 29{,}894$
$i_0 = 172{,}13$
$\Delta i_{n0} = 1{,}63$

Mit Druckverlust von 1,0224 auf 1,0
$pr_p = (1{,}0224/1) \cdot 29{,}894 = 30{,}563$
$i_p = 173{,}23$
$\Delta i_{0p} = 1{,}1$

Energieverlust von 2' auf 3

$$\frac{1{,}63}{109{,}59} = 1{,}488\%,$$

Energieverlust von 4' auf 6

$$\frac{1{,}1}{109{,}59} = 1{,}004\%.$$

g) Brennstoffverbrauch

$$b = \frac{0{,}013076 \cdot 4{,}971 \cdot 3600 \cdot 1000}{1048} = 223{,}28 \text{ g/PSh}$$

$$\eta_{th} = \frac{N_e \cdot 75}{427 \cdot 10000 \cdot 0{,}065} = 28{,}32\%.$$

Tafel 1a—e

Zusammenhang zwischen absoluter Temperatur, Enthalpie und einer relativen Druckfunktion für trockene Luft

Tafel 1a

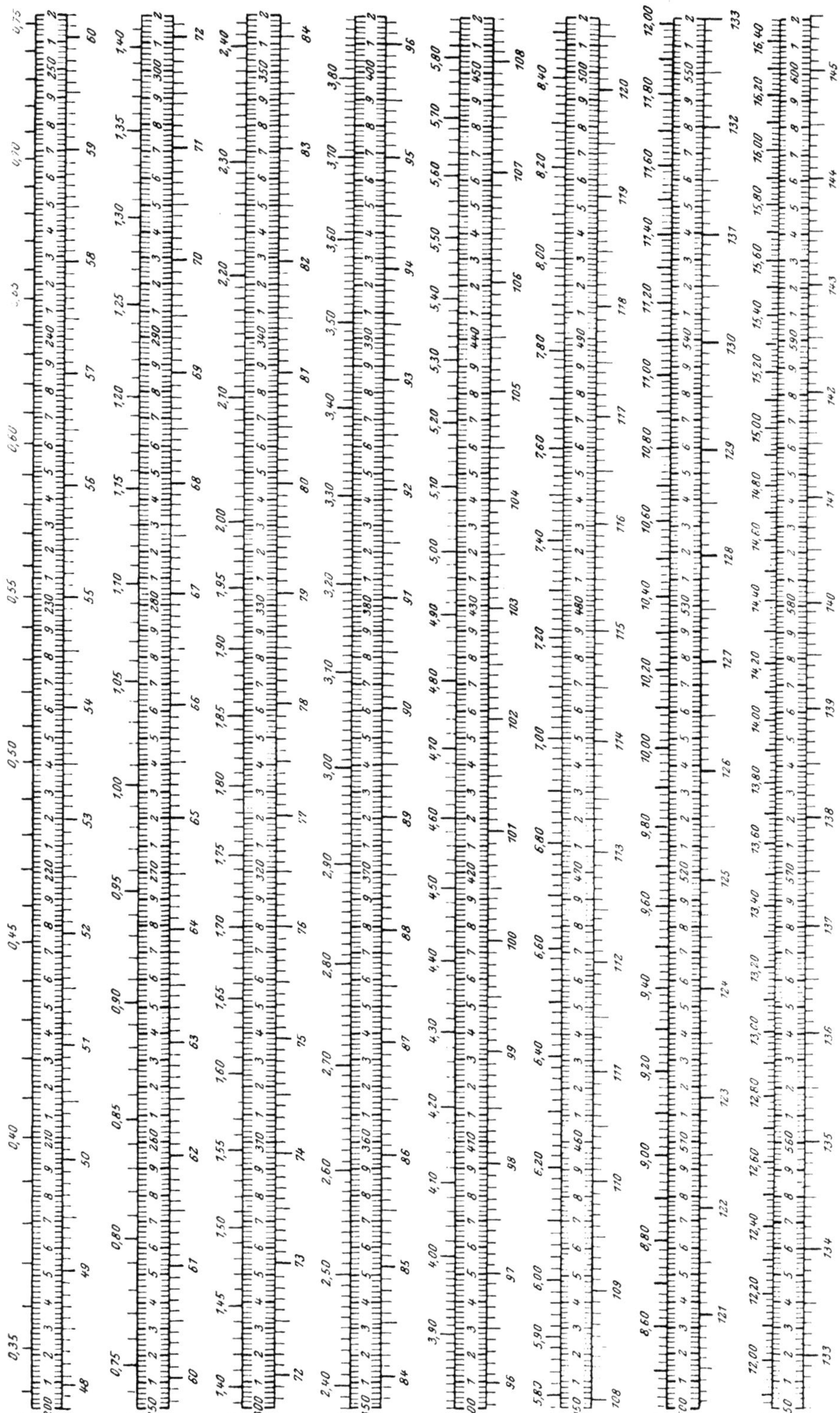

Werte für trockene Luft

pr ..... 0,34 – 16,40
T ..... 200 – 600
i ..... 48 – 745

Tafel 1b

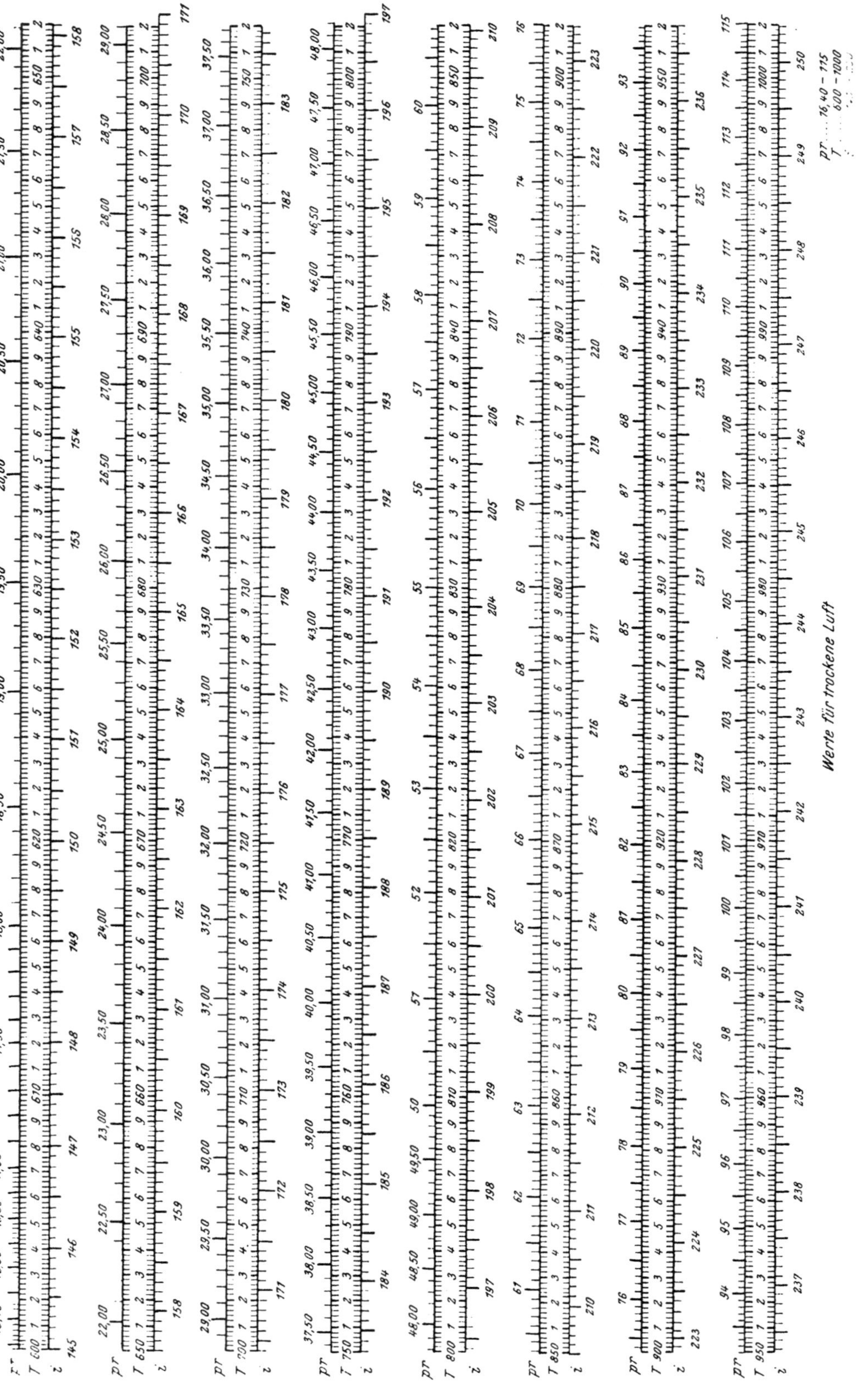
pr ... 16,40 – 115
T ... 600 – 1000
Werte für trockene Luft

Tafel 1c

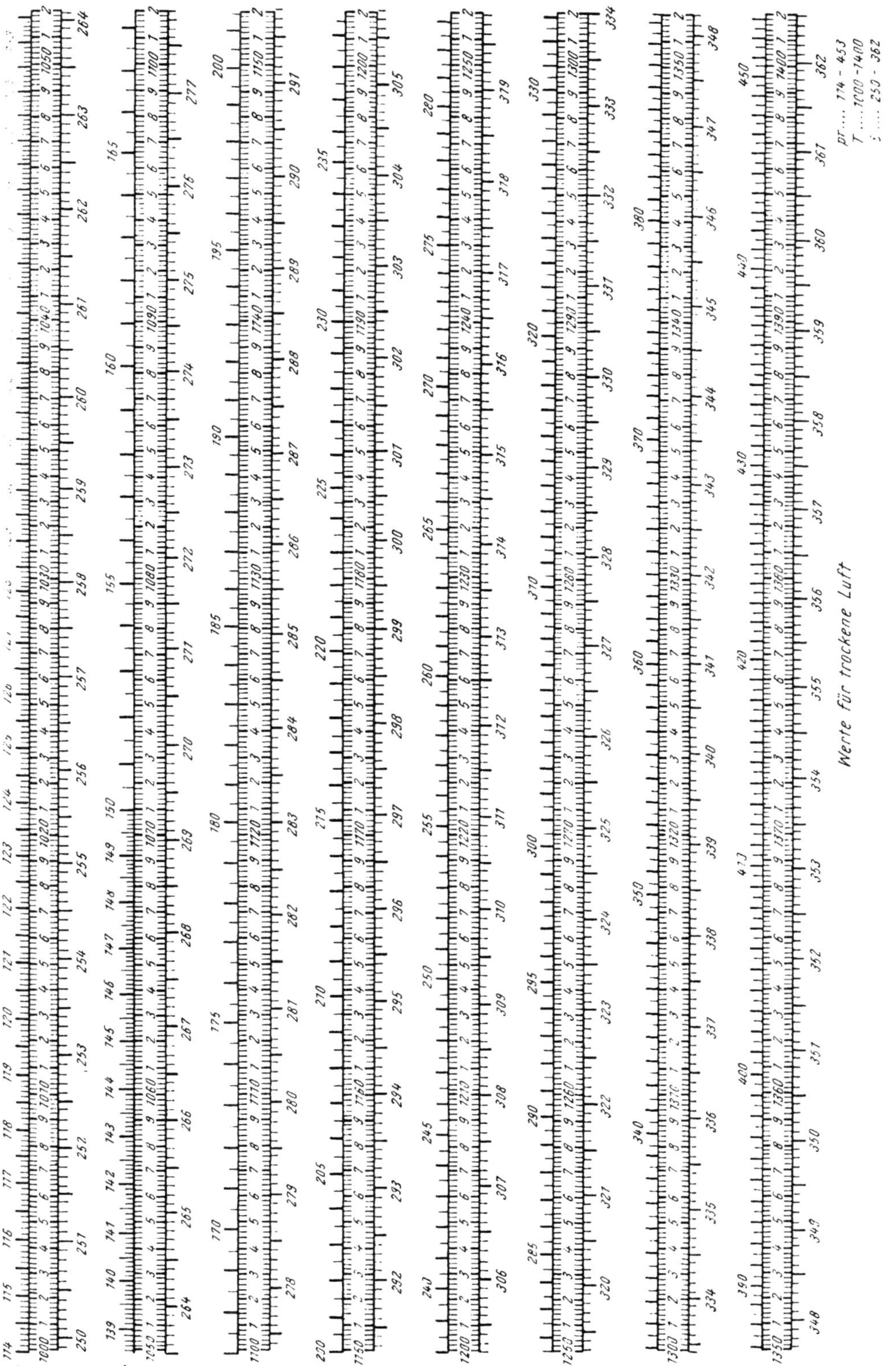

pr .... 114 - 453
T .... 1000 - 1400
i .... 250 - 362

Werte für trockene Luft

Tafel 1d

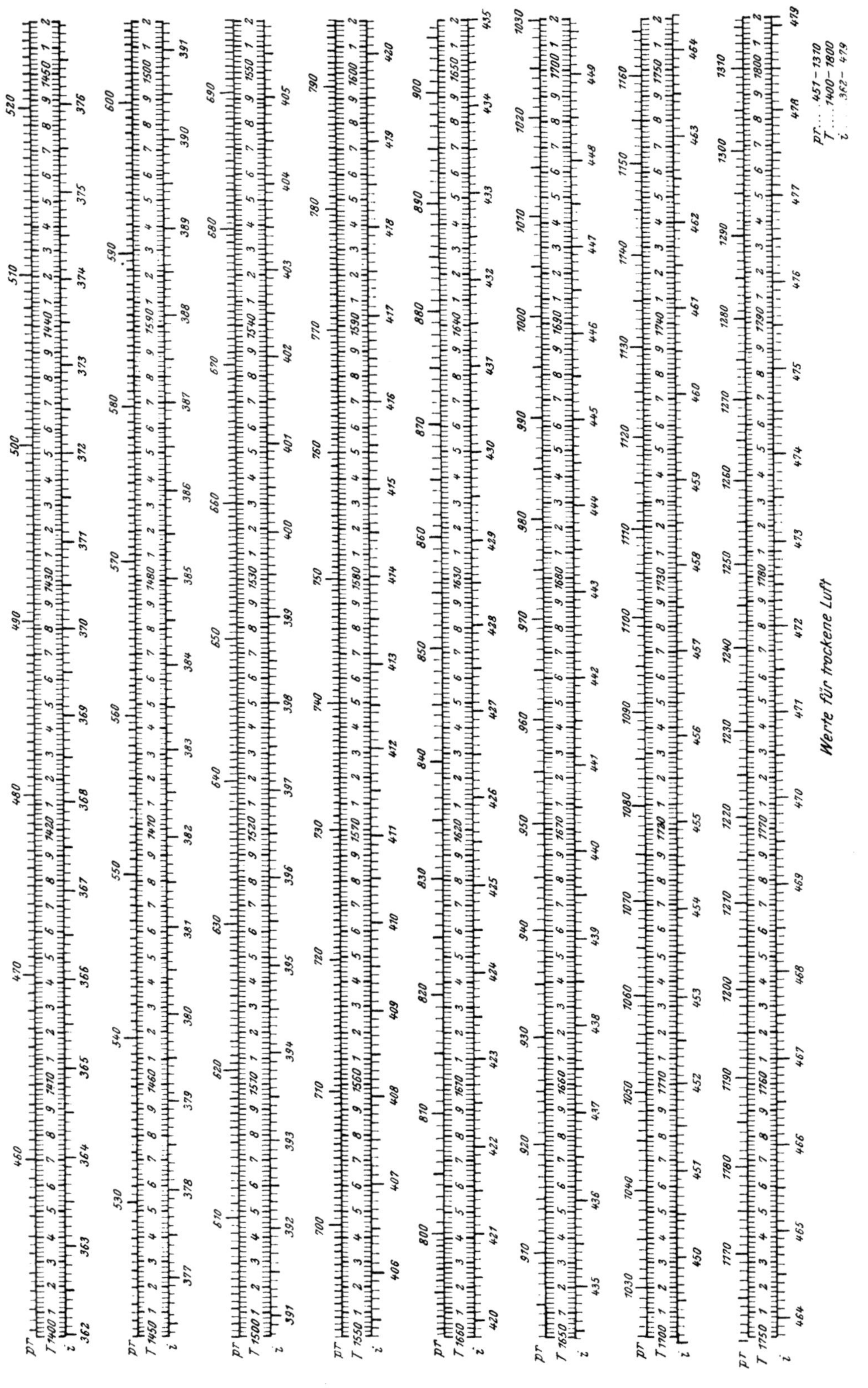

Werte für trockene Luft

pτ... 457–1310
T... 1400–1800
i... 362– 479

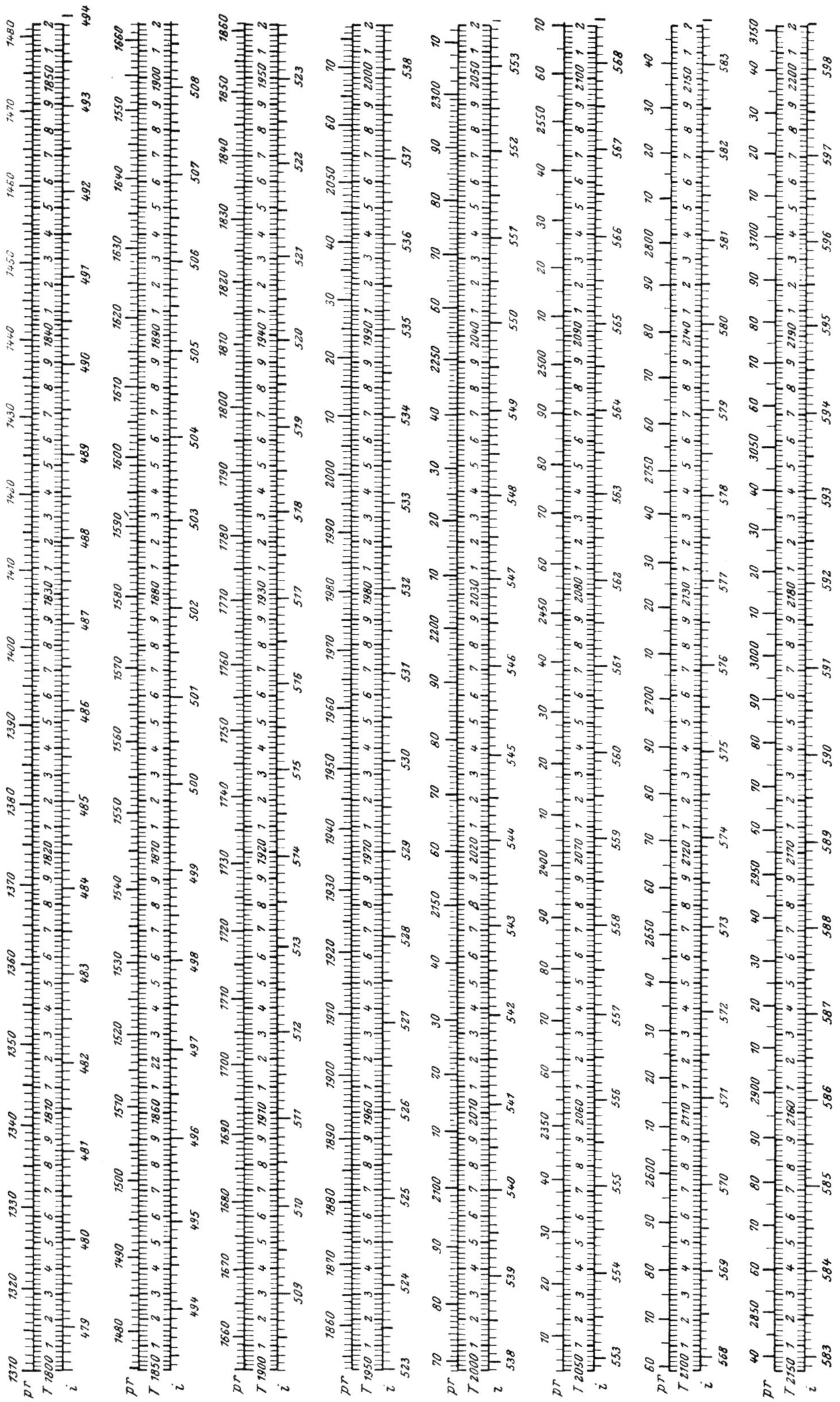

Tafel 1e

Werte für trockene Luft

pr .... 7310 − 3150
T ..... 7800 − 2200
i ...... 479 − 598

Tafel 2

Korrekturwerte für ΔT bei Expansion und ΔT und Δi bei Verdichtung feuchter Luft

Tafel 2

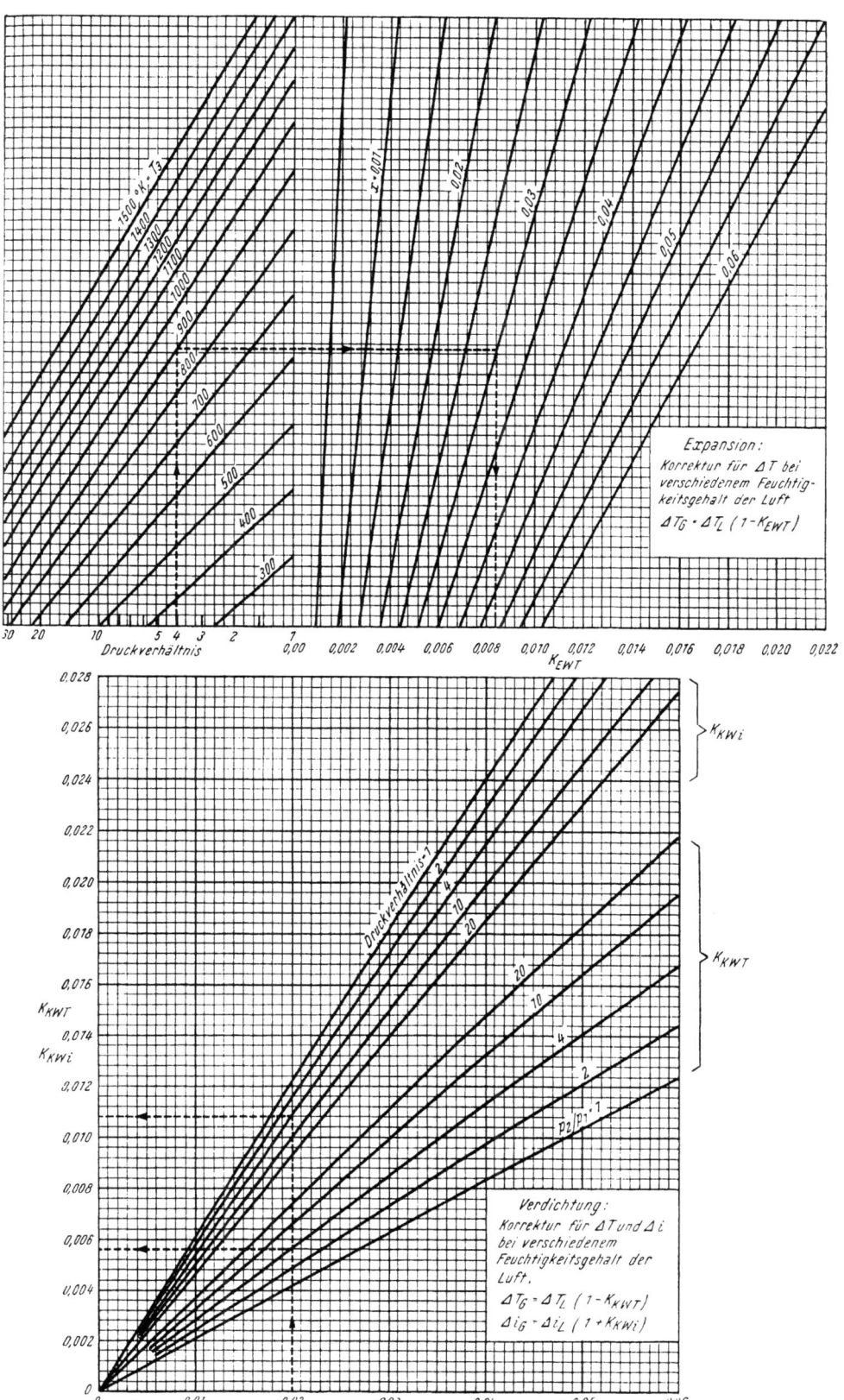

Tafel 3

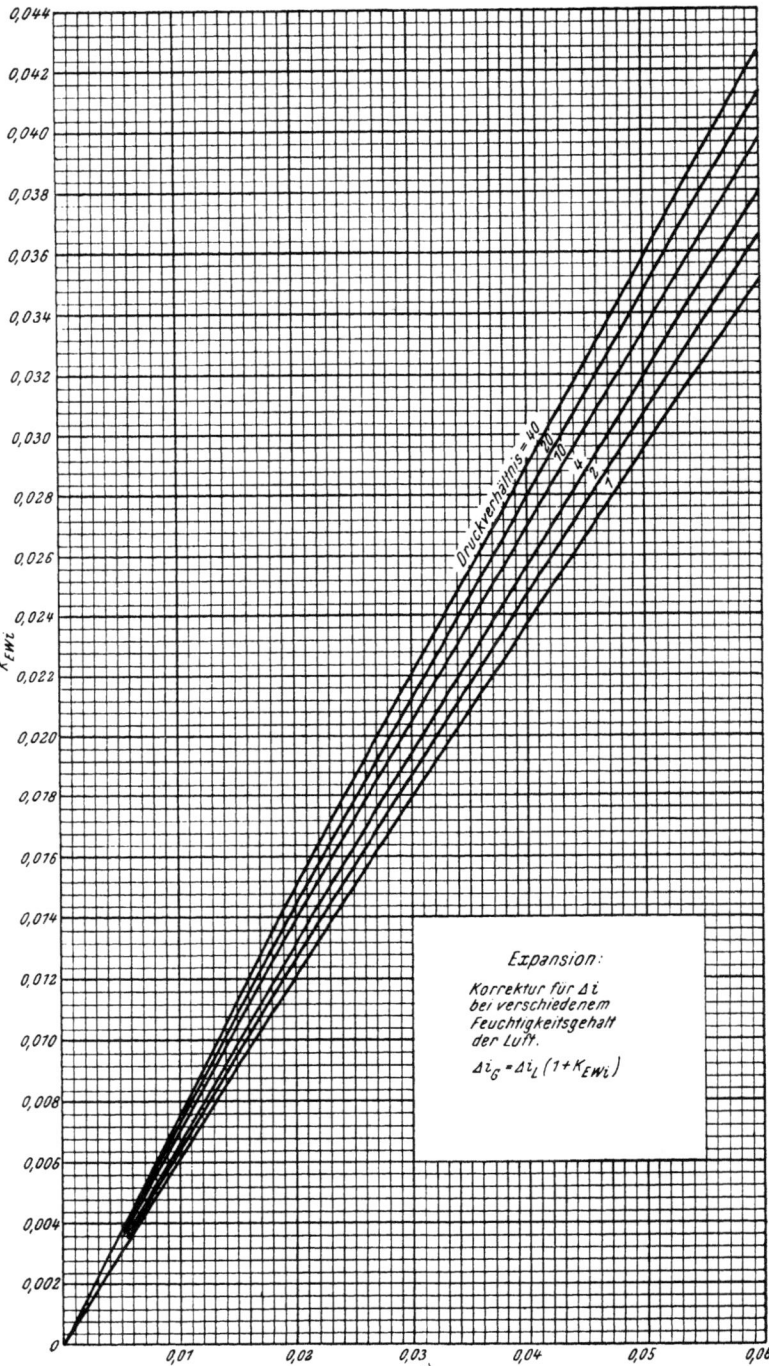

Tafel 3

Korrekturwerte für Δi bei Expansion feuchter Luft

Tafel 4

Korrekturwerte für Δi bei Wärmeaustausch feuchter Luft.
Korrekturwerte für γ und Durchsatzgewicht bei feuchter Luft bzw. Verbrennungsgasen

Tafel 4

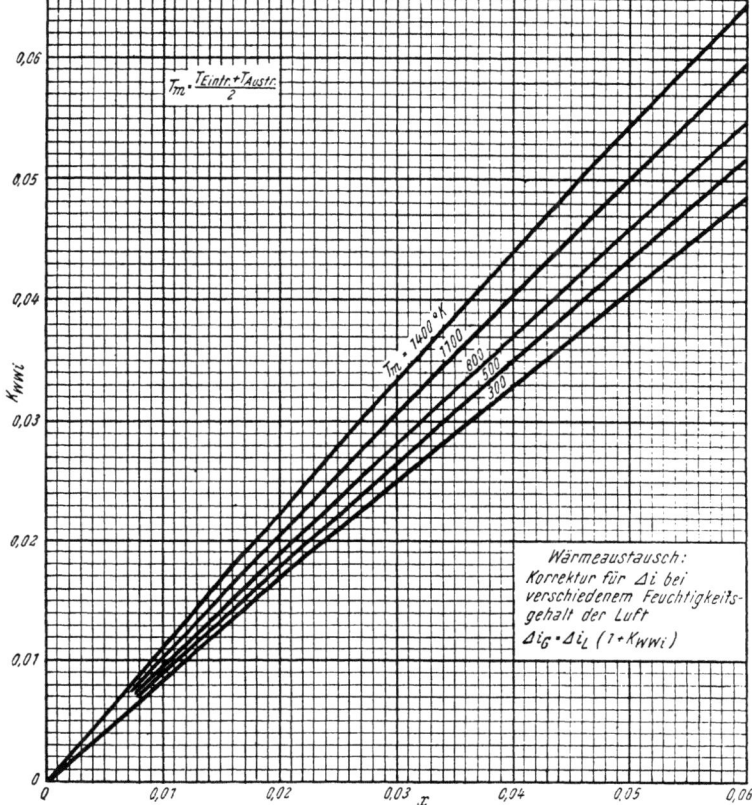

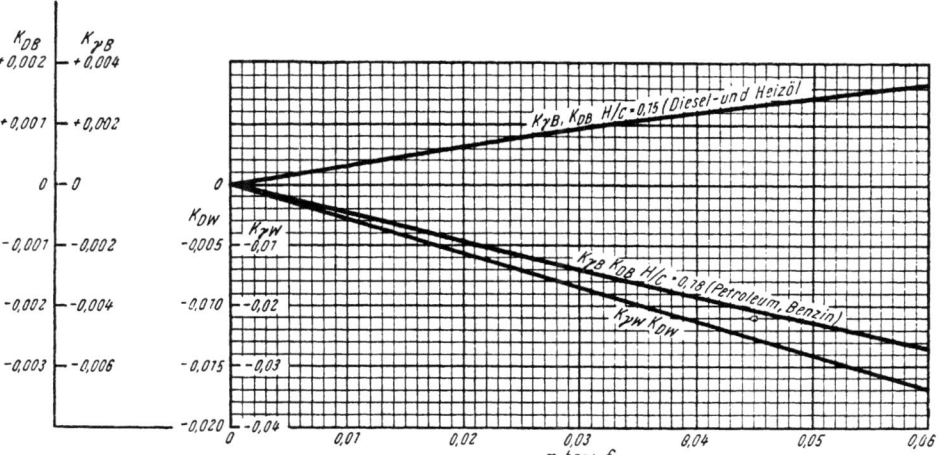

Spez. Gewicht und Durchsatz: Korrektur für γ und Durchsatzgewicht bei verschiedenem Feuchtigkeitsgehalt der Luft, bzw. bei Verbrennungsgas von Diesel- oder Heizöl bzw. Petroleum oder Benzin mit verschiedenem Brennstoff/Luft-Verhältnis (f).

Tafel 5

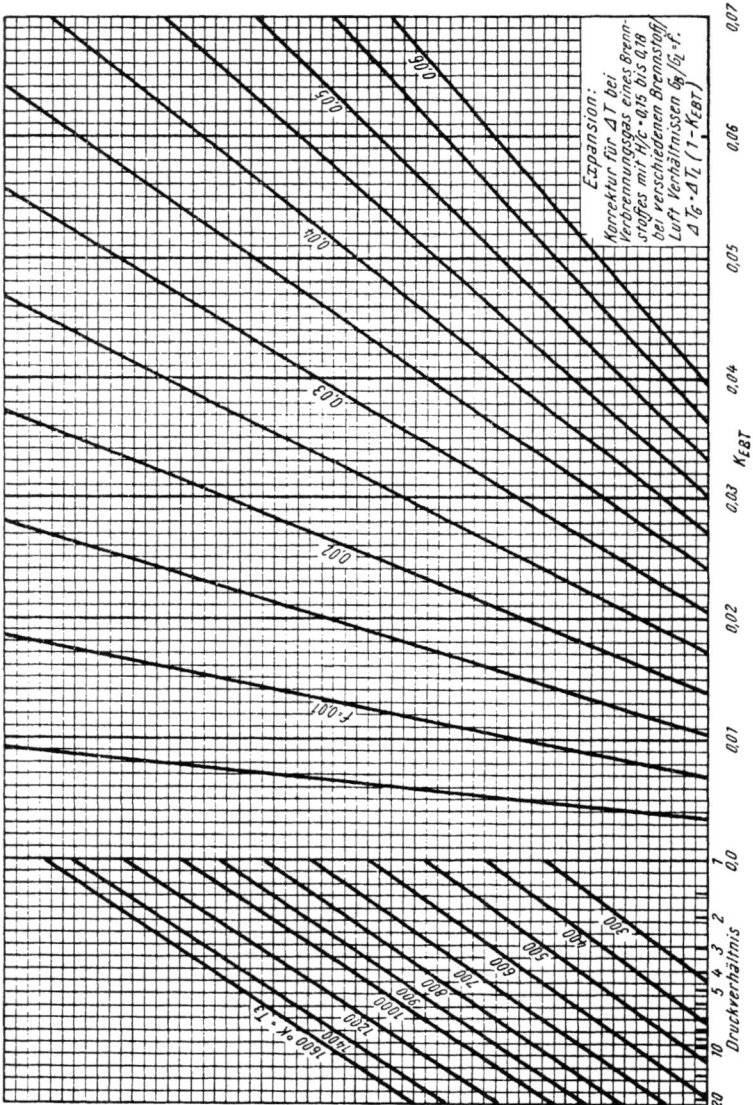

Tafel 5

Korrekturwerte für ΔT bei Expansion von Verbrennungsgasen

Tafel 6
Korrekturwerte für Δi bei Expansion von Verbrennungsgasen

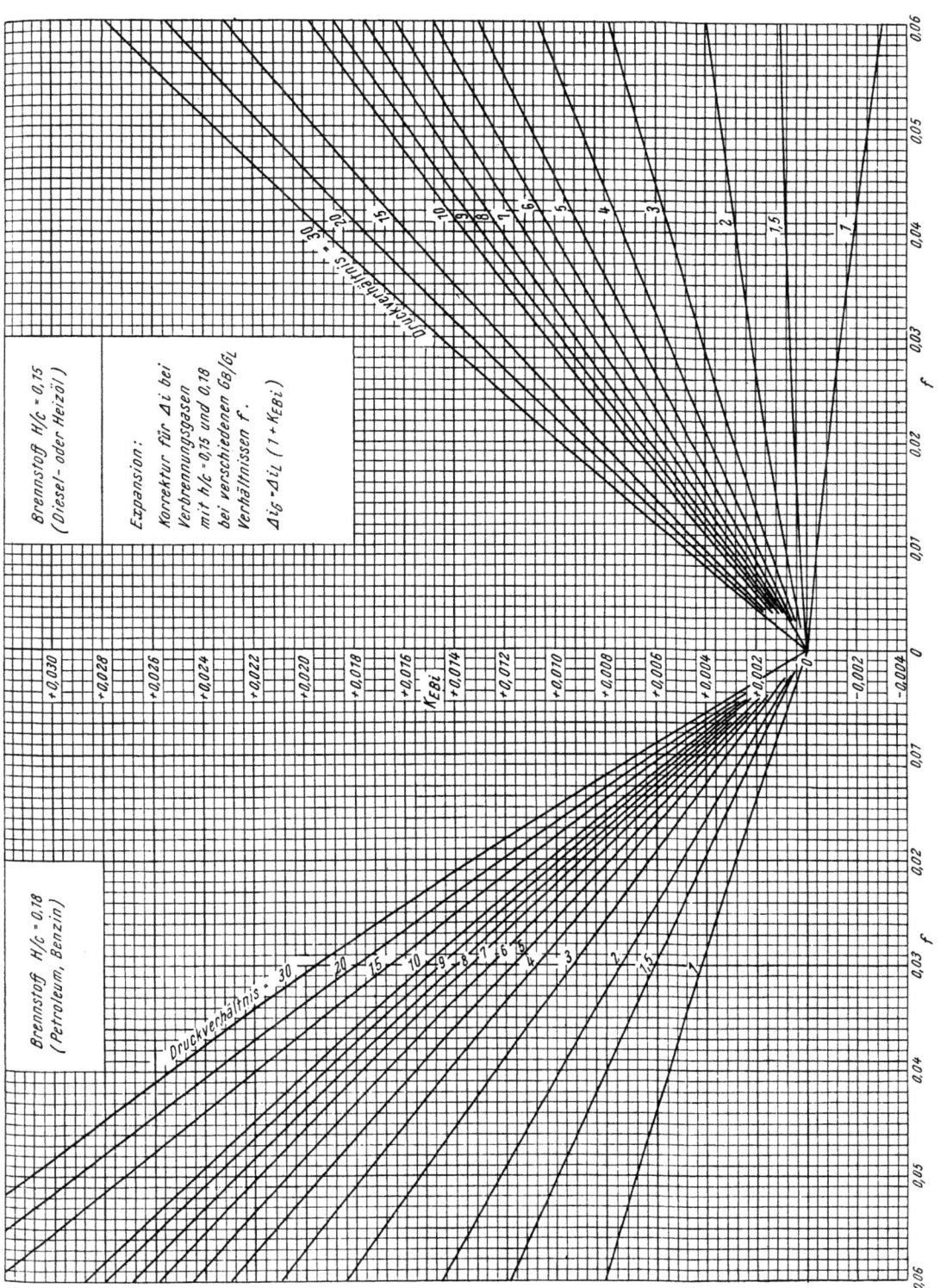

Tafel 6

Tafel 7

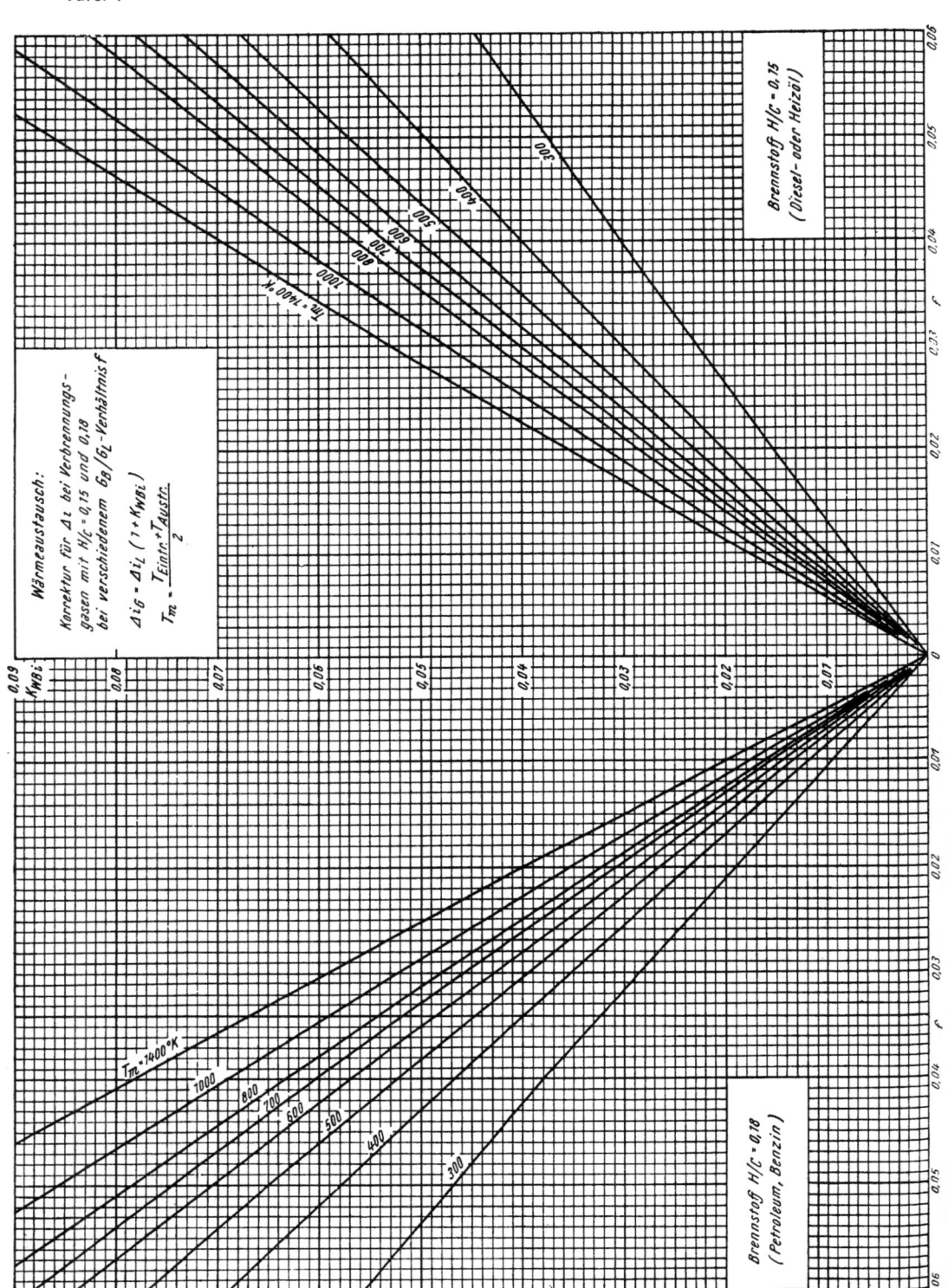

Tafel 7

Korrekturwerte für Δi bei Wärmeaustausch von Verbrennungsgasen

Tafel 8

Temperatur-Enthalpie-Verhältnis bei stöchiometrischer
Verbrennung verschiedener Kohlenwasserstoffe

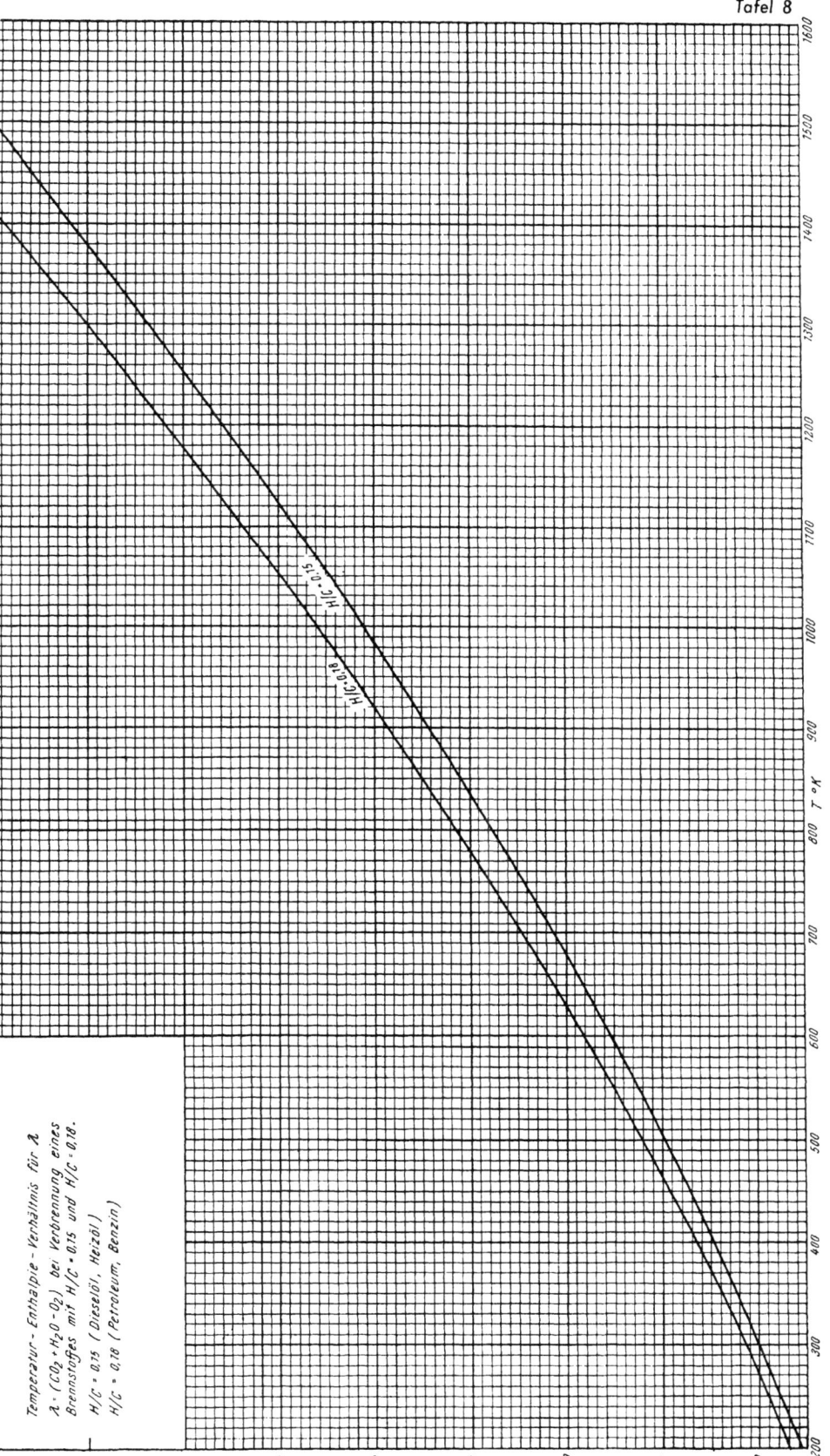

Tafel 8

Temperatur - Enthalpie - Verhältnis für λ.
$A \cdot (CO_2 + H_2O - O_2)$ bei Verbrennung eines Brennstoffes mit $H/C = 0.15$ und $H/C = 0.18$.
$H/C = 0.15$ (Dieselöl, Heizöl)
$H/C = 0.18$ (Petroleum, Benzin)

Tafel 9

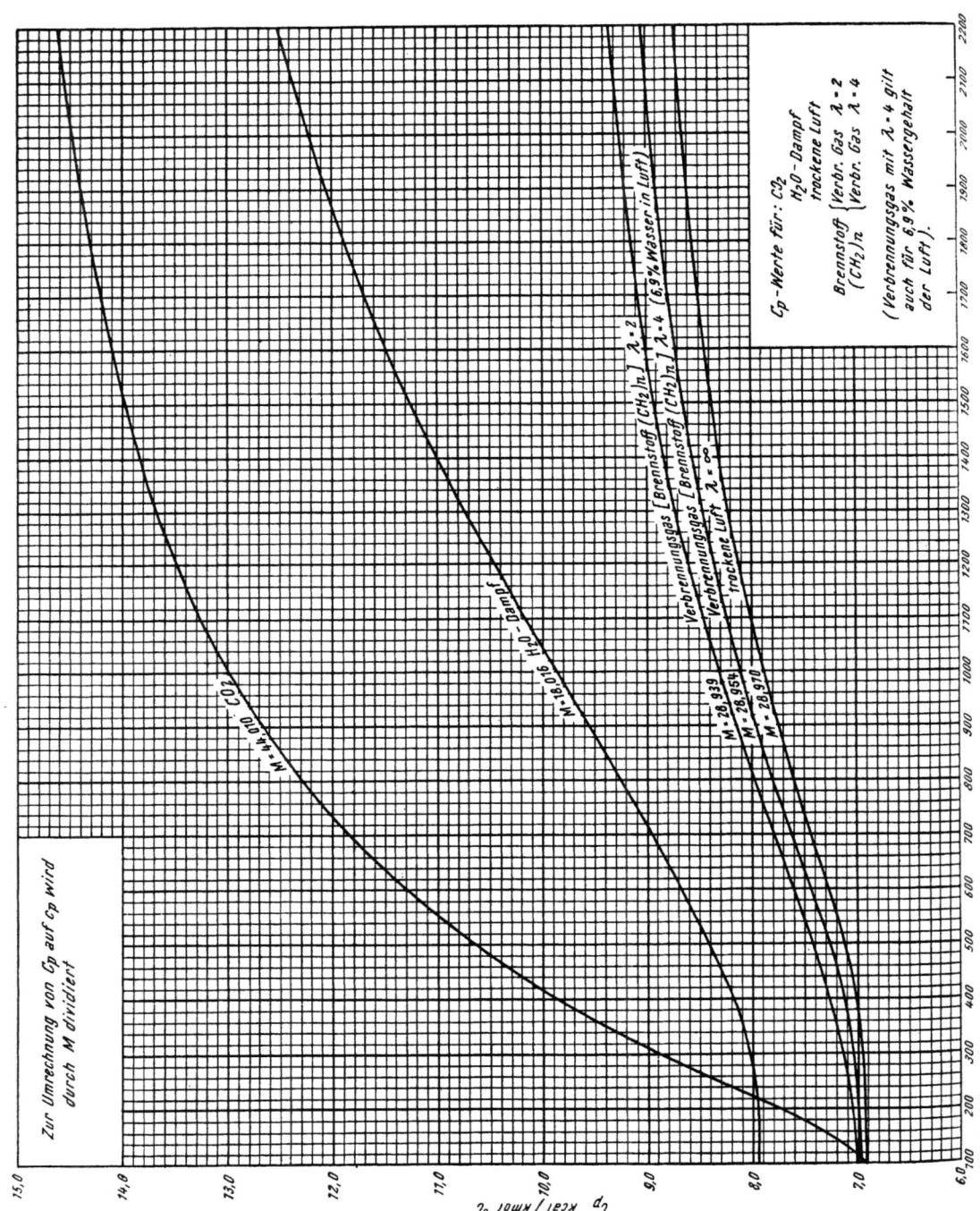

Tafel 9

c_p-Werte für verschiedene Gase
Verbrennungsgaszusammensetzung in Volumprozent

bei $\lambda = 2$:
- CO_2 6,760
- H_2O 6,760
- Luft   96,620
- O_2 —10,140

bei $\lambda = 4$:
- CO_2 3,438
- H_2O 3,438
- Luft   98,281
- O_2 —5,157

Tafel 10

c_p-Werte für verschiedene Gase

Tafel 10

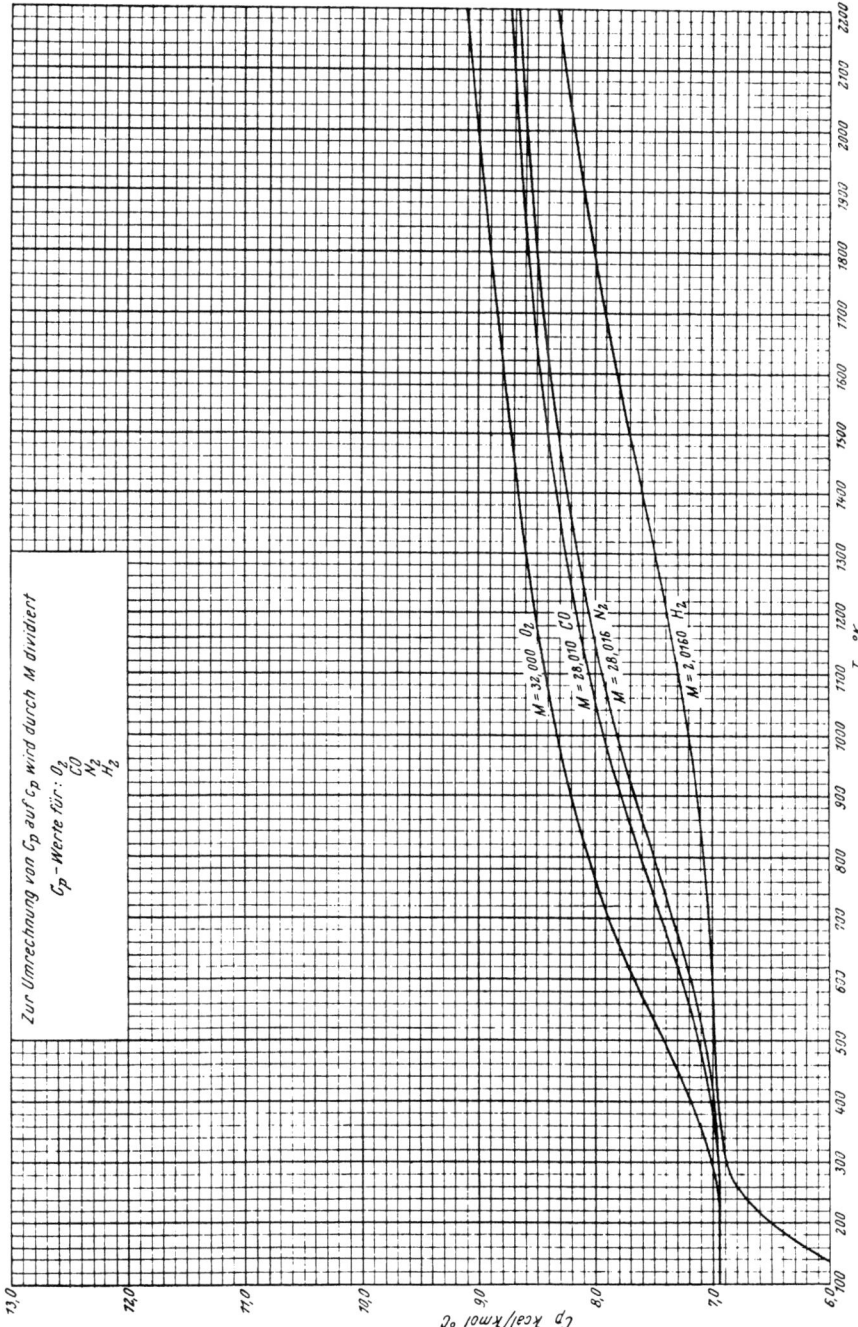

Tafel 11

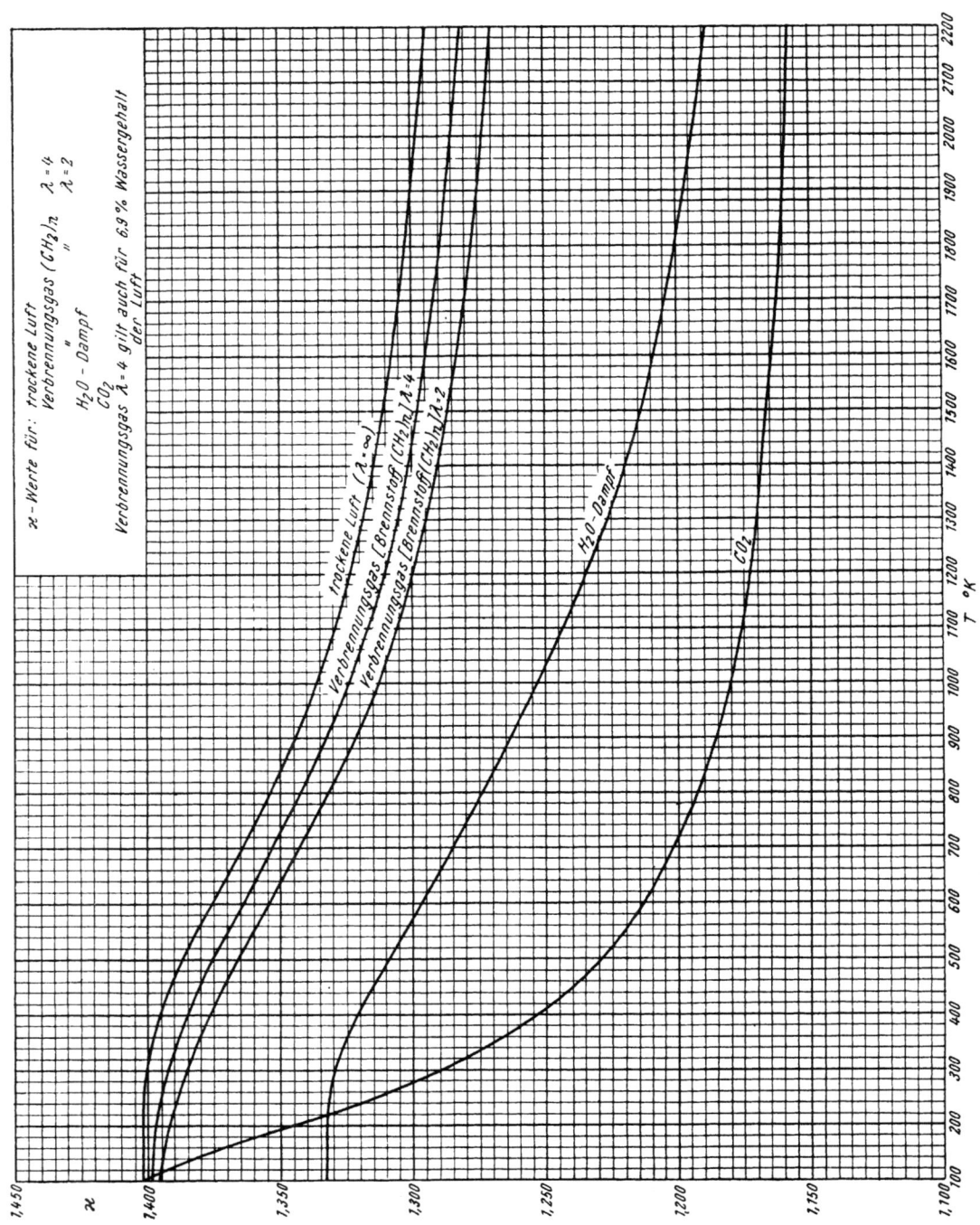

Tafel 11
$\varkappa$-Werte für verschiedene Gase
Verbrennungsgaszusammensetzung wie in Tafel 9

Tafel 12

$\varkappa$-Werte für verschiedene Gase

Tafel 12

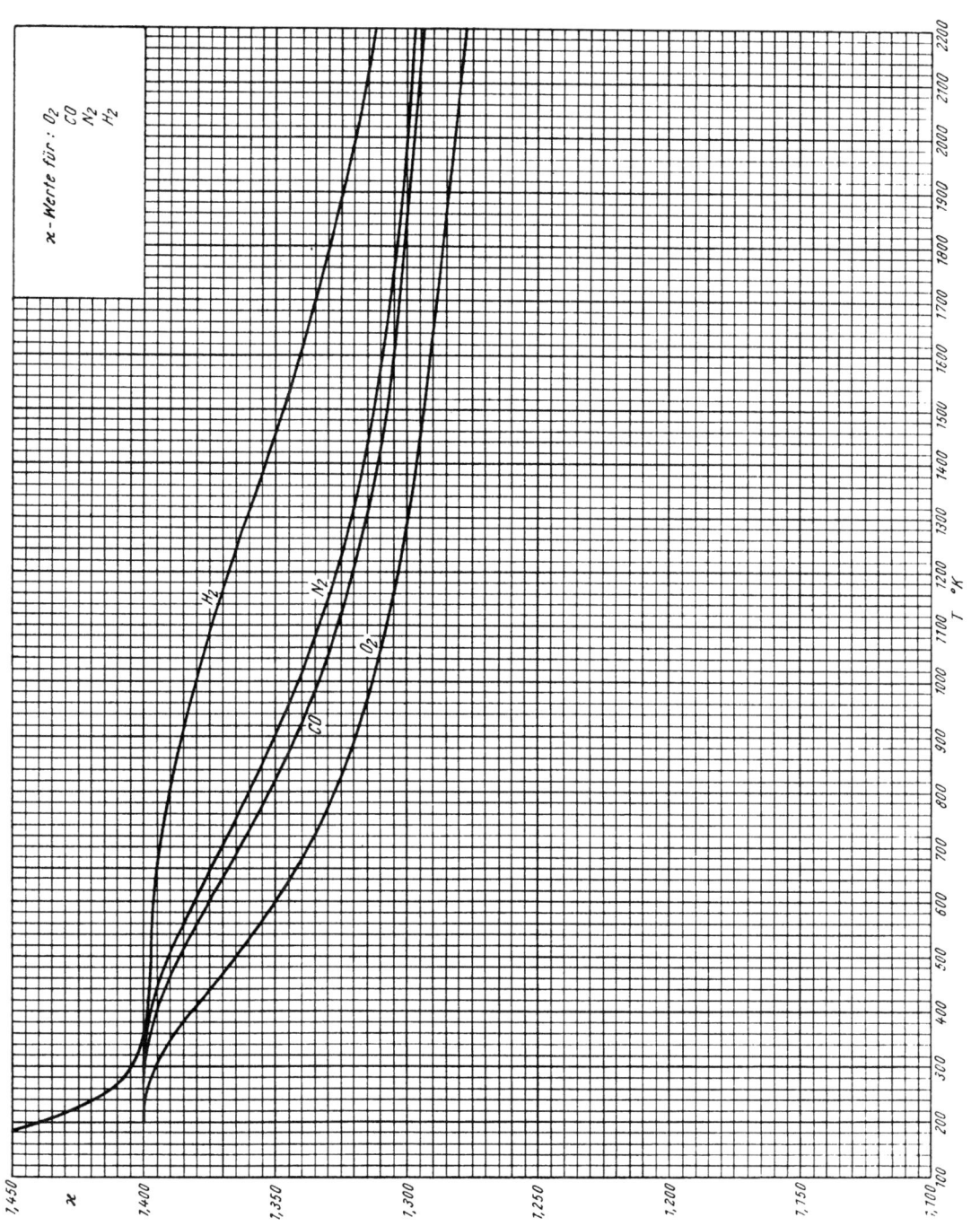

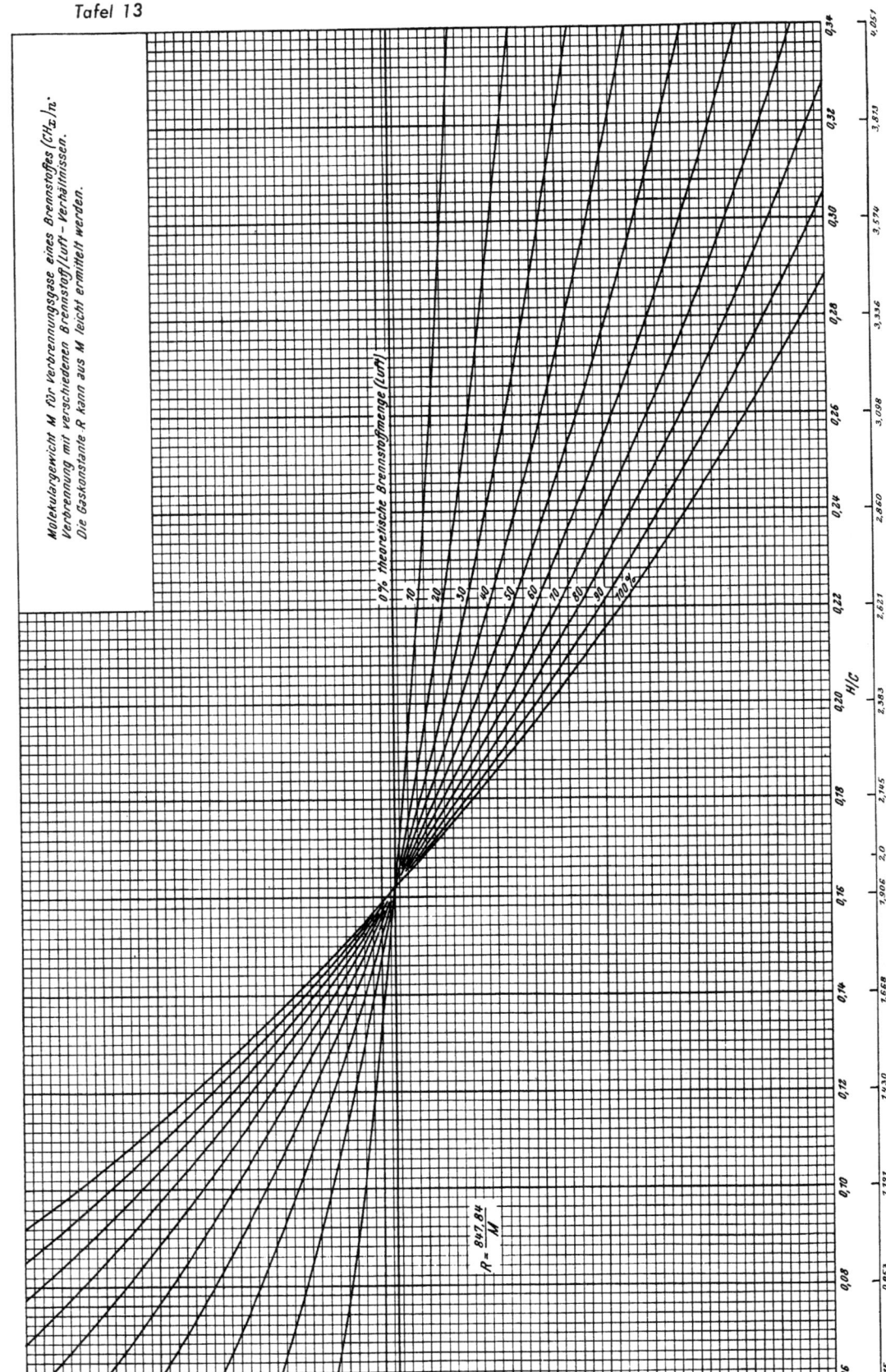

Tafel 13

Molekulargewicht für Verbrennungsgase eines Brennstoffes $(CH_x)_n$ bei verschiedenem Luftüberschuß

SPRINGER-VERLAG IN WIEN

Die Gasturbine. Ihre Theorie, Konstruktion und Anwendung für stationäre Anlagen, Schiffs-, Lokomotiv-, Kraftfahrzeug- und Flugzeugantrieb. Von Dipl.-Ing. **Julius Kruschik,** Rich. Klinger A.G., Wien-Gumpoldskirchen. Mit 153 Textabbildungen, 67 Tabellen und 9 Rechentafeln. XI, 469 Seiten. 1952.

Ganzleinen S 315,—, DM 63,—, $ 15,—, sfr. 65,—

„...Mit diesem Buch liegt erstmals im deutschen Schrifttum ein ausführliches Werk über Gasturbinen vor, seit diese Kraftmaschinen sich auf allen Antriebsgebieten praktisch Eingang verschafft haben. Nach einer kurzen geschichtlichen Übersicht und Schilderung des in der Praxis üblich gewordenen Kreisprozesses gibt der Verfasser zunächst eine ausführliche Thermodynamik der Gasturbine mit Rechentafeln und durchgeführten Zahlenbeispielen. Es folgt ein großes Kapitel über den Aufbau der Anlagen mit gesonderter Darstellung der Einzelgruppen. Die weiteren Abschnitte betreffen: Verhalten der verschiedenen Schaltungen — Werkstoffe für Gasturbinen — Geschlossener Kreisprozeß — Halbgeschlossener Kreisprozeß — Anwendung der Gasturbine für Industrie und Hüttenwesen, Stromerzeugung, Schiffsantrieb, Lokomotiven und Kraftfahrzeuge — Die Flugzeugturbine — Düsentriebwerke — Propellerturbinen — Zusammenfassung und Ausblick..."

MTZ — Motortechnische Zeitschrift

Gasturbinenkraftwerke. Ihre Aussichten für die Elektrizitätsversorgung. Eine Studie. Von Doz. Dr. techn. **Ludwig Musil,** Direktor der Steirischen Wasserkraft- und Elektrizitäts-A. G., Graz. Mit 52 Textabbildungen. V, 109 Seiten. 1947.

Steif geheftet S 42,—, DM 9,—, $ 2,10, sfr. 9,—

„...Die Gasturbine ist für die Energiewirtschaft insofern von größter Bedeutung, als sie vor allem in Netzen mit überwiegender Wasserkraftversorgung zur Erzeugung von hochwertigem Spitzenstrom herangezogen werden kann. Es ist daher sehr zu begrüßen, daß der bekannte österreichische Energiefachmann die Verwendbarkeit und die wirtschaftlichen Aussichten des Gasturbinenprozesses für die Elektrizitätserzeugung, den heutigen technischen Stand des Gasturbinen- und Gasgeneratorenbaues und deren Entwicklungsmöglichkeiten einer kritischen Betrachtung unterzieht..."

Wirtschaft-Technik-Verkehr

Dampferzeugung, Dampfkessel, Feuerungen. Theorie, Konstruktion, Betrieb. Von a. o. Prof., Dipl.-Ing., Dr. techn. **Maximilian Ledinegg,** Technische Hochschule, Wien. Mit 415 Textabbildungen. XII, 427 Seiten. 4°. 1952.

Ganzleinen S 396,—, DM 79,—, $ 18,80, sfr. 81,80

„...Das mit über 400 Textabbildungen vorzüglich ausgestattete Buch erfüllt die vom Autor gestellte Aufgabe, den Ansprüchen des Studierenden, des Konstrukteurs und des Betriebsmannes entgegenzukommen. Neben der Gewinnung eines Gesamtüberblickes über das außerordentlich vielseitige Gebiet wird es jeder an der wissenschaftlichen Fundierung des Kessel- und Feuerungsbaues Interessierte begrüßen, die vielen wichtigen Ergebnisse der in Fachzeitschriften zerstreut erschienenen Abhandlungen der letzten Jahre hier unter Literaturangabe gesammelt und ausgewertet zu finden..."

Schweizerische Bauzeitung

Technische Thermodynamik. Einführung in Grundlagen und Anwendung. Von Dr. techn. **Anton Pischinger,** Dipl.-Ing., o. Professor an der Technischen Hochschule Graz. Mit 179 Textabbildungen und 7 Tafeln. VIII, 231 Seiten. Lex.-8°. 1951.

Steif geheftet S 75,—, DM 16,80, $ 4,—, sfr. 17,20; Ganzleinen S 87,—, DM 19,80, $ 4,75, sfr. 20,20

„...Dem hervorragenden Fachmann im Verbrennungsmotorenbau vertraut man sich besonders gern in diesem ausführlichen Lehrgang durch die mechanische Wärmetheorie an. Selbstredend sind auch der Dampf und die Dampfmaschinen vollständig behandelt, aber die Kapitel, die die Grundlagen für den Motorenbau bilden, sind besonders ergiebig; so die Abschnitte über Verbrennung, Gasströmung in Kanälen, Kompressoren, Motoren, Turbinen, Wärmeübertragung..."

Motortechnische Zeitschrift

Gasdynamik. Von Dr. **Klaus Oswatitsch,** Dozent an der Königl. Technischen Hochschule in Stockholm, früherer wissenschaftlicher Mitarbeiter am Kaiser-Wilhelm- (Max-Planck-) Institut für Strömungsforschung in Göttingen. Mit 300 Textabbildungen und 3 Tafeln. XIII, 456 Seiten. Lex.-8°. 1952.

Ganzleinen S 390,—, DM 78,—, $ 18,60, sfr. 80,—

Der Verfasser, ein langjähriger Mitarbeiter Prof. *Prandtls,* gibt einen Gesamtüberblick über die heutige Gasdynamik, wobei er das Hauptgewicht nicht auf eine Wiedergabe der mathematischen Probleme, sondern auf eine anschauliche Behandlung der physikalischen und technischen Fragen legt. Tabellen und Diagramme sind als praktische Rechengrundlagen beigefügt. Die Art der Darstellung sowie eine Reihe eigener Beiträge des Verfassers verleihen dem Buch seine besondere Note.

Zu beziehen durch jede Buchhandlung

SPRINGER-VERLAG IN WIEN I

Die Verbrennungskraftmaschine

Erscheint in 16 Bänden, die in sich abgeschlossen und einzeln käuflich sind

Herausgegeben von

Prof. Dr. **Hans List,** Graz

Band I, Teil 1: **Vorwort und Einführung zum Gesamtwerk.** Von Prof. Dr. H. List, Graz. **Die Betriebsstoffe für Verbrennungskraftmaschinen.** Von Dr. A. Philippovich, Privatdozent an der Technischen Hochschule, Wien. Zweite, neubearbeitete und erweiterte Auflage. Mit 86 Textabbildungen. XX, 206 Seiten. 4°. 1949.
Steif geheftet S 151,—, DM 30,—, $ 7,20, sfr. 32,—

Band IV: **Der Ladungswechsel der Verbrennungskraftmaschine.**
Teil 1: **Grundlagen. Die rechnerische Behandlung der instationären Strömungsvorgänge am Motor.** Von Prof. Dr. H. List, Graz, und Dr. G. Reyl, Graz. Mit 156 Abbildungen im Text, 2 Tafeln und 4 Tabellen. XI, 239 Seiten. 4°. 1949.
Steif geheftet S 239,—, DM 48,—, $ 11,40, sfr. 49,60

Teil 2: **Der Zweitakt.** Von Prof. Dr. H. List, Graz. Mit 384 Abbildungen im Text. X, 370 Seiten. 4°. 1950.
Steif geheftet S 347,—, DM 69,—, $ 16,50, sfr. 72,—

Teil 3: **Der Viertakt. Ausnützung der Abgasenergie für den Ladungswechsel.** Von Prof. Dr. H. List, Graz. Mit 172 Abbildungen im Text. VIII, 175 Seiten. 4°. 1952. Steif geheftet S 180,—, DM 36,—, $ 8,60, sfr. 37,30

Band V: **Die Gasmaschine.** Zweite, neubearbeitete und erweiterte Auflage. Von Dr. Ing. M. Leiker, Oberingenieur der Klöckner-Humboldt-Deutz A. G., Köln-Deutz. Mit 358 Textabbildungen. IX, 260 Seiten. 4°. 1953.
Steif geheftet S 290,—, DM 48,—, $ 11,45, sfr. 49,20

Band VIII, Teil 2: **Die Dynamik der Verbrennungskraftmaschine.** Von Dr.-Ing. H. Schrön, München. Zweite, verbesserte Auflage. Mit 187 Abbildungen im Text. VIII, 201 Seiten. 4°. 1947.
Steif geheftet S 176,—, DM 35,30, $ 8,40, sfr. 36,—

Band IX: **Die Steuerung der Verbrennungskraftmaschinen.** Von Dr. techn. Ing. A. Pischinger, Professor an der Technischen Hochschule, Graz. Mit 269 Textabbildungen. VII, 240 Seiten. 4°. 1948.
Steif geheftet S 225,—, DM 45,—, $ 10,70, sfr. 46,—

Band X: **Das Triebwerk schnellaufender Verbrennungskraftmaschinen.** Von Dipl.-Ing. H. Kremser, Oberingenieur, Graz. Zweite, neubearbeitete Auflage. Mit 187 Textabbildungen. IX, 166 Seiten. 4°. 1949.
Steif geheftet S 151,—, DM 30,—, $ 7,20, sfr. 31,—

Band XII: **Ortsfeste und Schiffsdieselmotoren.** Von Dipl.-Ing. F. Mayr, Oberingenieur der Maschinenfabrik Augsburg-Nürnberg A.G., Werk Augsburg. Zweite, unveränderte Auflage. Mit 318 Textabbildungen. VIII, 330 Seiten. 4°. 1948.
Steif geheftet S 313,—, DM 62,60, $ 14,90, sfr. 64,—

Band XIV: **Verschleiß, Betriebszahlen und Wirtschaftlichkeit von Verbrennungskraftmaschinen.** Von Dr.-Ing. C. Englisch, Göteborg. Zweite, erweiterte Auflage. Mit 393 Textabbildungen. X, 288 Seiten. 4°. 1952.
Steif geheftet S 260,—, DM 52,—, $ 12,40, sfr. 53,30

In der Folge werden erscheinen:

1 2, Gaserzeuger, 2. Auflage; 2/1, Thermodynamik und Verlustanalyse der Kolbenverbrennungskraftmaschine, 2. Auflage; 2/2, Thermodynamik der Gasturbine; 3, Der Wärmeübergang in der Verbrennungskraftmaschine; 6, Gemischbildung im Verbrennungsmotor; 7, Gemischbildung im Dieselmotor, 2. Auflage; 8/1, Konstruktive Grundlagen der Verbrennungskraftmaschine; 11, Der Aufbau schnellaufender Verbrennungskraftmaschinen für Kraftfahrzeuge und Triebwagen, 2. Auflage; 13, Flugmotoren; 15, Hilfsmaschinen der Verbrennungskraftmaschine mit besonderer Berücksichtigung der Strömungsmaschinen; 16, Die Gasturbine.

Verbrennungsmotoren-Lehrbilder. Aus H. List: Die Verbrennungskraftmaschine, gesammelt von L. Richter, Wien. Mit 153 Textabbildungen. IV, 120 Seiten. 4°. 1948.
Steif geheftet S 45,—, DM 10,—, $ 2,40, sfr. 10,40

Zu beziehen durch jede Buchhandlung

MIX
Papier aus verantwortungsvollen Quellen
Paper from responsible sources
FSC® C105338

If you have any concerns about our products,
you can contact us on
ProductSafety@springernature.com

In case Publisher is established outside the EU,
the EU authorized representative is:
**Springer Nature Customer Service Center GmbH
Europaplatz 3, 69115 Heidelberg, Germany**

Printed by Libri Plureos GmbH
in Hamburg, Germany